普通高等学校"十四五"规划计算机专业特色教材

软件工程导论

刘 昕 编

华中科技大学出版社
中国·武汉

内容提要

本书全面介绍了软件工程的基本概念、原理和典型的方法学。全书共分为11章，第1章介绍软件工程的概况；第2章至第9章顺序讲述软件生命周期各阶段的任务、过程、方法和工具，包括可行性分析、需求分析、概要设计、详细设计、编程实现、软件测试和软件维护；第10章介绍软件管理；第11章介绍软件工程的新技术。

本书可作为高等院校计算机科学技术和软件工程本科专业“软件工程概论”和“软件工程导论”课程教材，以及其他专业软件工程课程教材，也可以作为从事软件开发、管理、维护和应用的工程技术和管理人员的参考书。

图书在版编目(CIP)数据

软件工程导论/刘昕编. —武汉：华中科技大学出版社，2020.12
ISBN 978-7-5680-4303-8

Ⅰ.①软… Ⅱ.①刘… Ⅲ.①软件工程 Ⅳ.①TP311.5

中国版本图书馆CIP数据核字(2020)第245567号

软件工程导论
Ruanjian Gongcheng Daolun

刘 昕 编

策划编辑：周芬娜
责任编辑：余 涛
封面设计：原色设计
责任监印：徐 露
出版发行：华中科技大学出版社(中国·武汉) 电话：(027)81321913
武汉市东湖新技术开发区华工科技园 邮编：430223
录 排：武汉市洪山区佳年华文印部
印 刷：武汉科源印刷设计有限公司
开 本：787mm×1092mm 1/16
印 张：11.25
字 数：276千字
版 次：2020年12月第1版第1次印刷
定 价：35.00元

前　　言

本书在编写时重点从以下三个方面考虑：

第一，作为软件工程导论教材，要能够简明、清晰地反映软件工程学科的基本概念、基本方法、基本技术等基本内容；

第二，反映软件工程学科的最新发展，较全面地介绍软件过程、软件开发方法、软件建模、软件体系结构等内容；

第三，兼顾学科体系的合理性和工程的指导性两个方面。

本书以软件工程学科体系来构架教材结构，教材结构能够直接反映软件工程学科的体系框架；重点介绍软件开发中的策划、分析、设计、编程、测试、管理等基本工作。学生通过学习，能够掌握软件开发的基本方法和基本技能。

本书可作为高等院校计算机科学技术和软件工程本科专业“软件工程概论”和“软件工程导论”课程教材，以及其他专业软件工程课程教材，也可以作为从事软件开发、管理、维护和应用的工程技术和管理人员的参考书。

本书在编写和出版过程中得到许多老师和同学的支持与帮助，编者在此表示衷心感谢。由于作者水平有限，书中缺点和欠妥之处在所难免，恳请读者指正。

编　者

2020 年 10 月

目　　录

第1章　软件工程概述

信息技术是21世纪非常重要的技术，计算机技术是信息技术的核心，而软件是计算机运行和信息通信的基础。软件工程是指导计算机软件开发和维护的一门学科，对软件的生产和应用具有重要作用。

1.1　软件工程的概念

1.1.1　软件的定义与特点

计算机系统是由硬件和软件两部分构成的。

硬件是指计算机系统中由电子、机械和光电元件等组成的各种物理装置的总称。这些物理装置按系统结构的要求构成一个有机整体，为计算机软件运行提供物质基础。**软件**是计算机系统中的程序、数据及其相关文档的总称。程序是能完成确定任务，用计算机语言描述的，并能够在计算机系统上执行的语句序列。程序是软件的重要组成部分，同时也是软件的主要表现形式，其作用就是把输入数据加工处理成为人们所需要的信息。数据用来描述软件的处理对象。文档是指与程序开发、维护和使用有关的图文资料，是对软件开发和维护全过程的书面描述和记录。

随着计算机技术的发展，软件已经成为一门学科，被称为软件学，简称软件。软件学科主要包括软件语言、软件方法、软件工程和软件系统等方面的内容。

由于软件是计算机系统中的逻辑部件，而硬件是一个物理部件，因此，软件相对硬件而言有以下特点。

(1) 软件是一种逻辑实体，而不是具体的物理实体，因而它具有抽象性。这个特点使它与计算机硬件或其他工程对象有着明显的差别。人们可以把它记录在介质上，但却无法看到软件的形态，必须通过测试、分析、思考、判断去了解它的功能、性能及其他特性。

(2) 软件是通过人们的智力活动把知识与技术转化成信息的一种产品，软件项目研制成功后是可以进行大量复制的。因此，软件的研制成本远远大于其生产成本。

(3) 在软件的运行和使用期间，没有硬件那样的机械磨损、老化问题。软件维护比硬件维护要复杂得多，与硬件的维修有着本质的差别。

(4) 软件的开发和运行受到计算机系统的限制，对计算机系统有很大的依赖，在软件开发中提出了软件移植的问题，并且把软件的可移植性作为衡量软件质量的因素之一。

(5) 软件的开发尚未完全摆脱手工的开发方式。为促进软件技术的发展,人们提出了许多新的开发方法。例如,近年来出现的软件复用技术、自动生成技术和其他一些有效的软件工具或软件开发环境,既方便了软件开发的质量控制,又提高了软件开发的效率。

(6) 软件的开发费用越来越高。软件的研制工作需要投入大量的、复杂的、高强度的脑力劳动,需要较高的成本。

(7) 软件的开发是一个非常复杂的过程,如银行管理系统涉及安全等问题,因而软件的管理是软件开发过程中必不可少的内容。

(8) 软件的生产过程比较简单,软件生产过程实际上就是软件的复制过程。

1.1.2 软件的发展

软件的发展大致可分为四个阶段。

1. 程序设计阶段

程序设计阶段是计算机发展的早期阶段(20 世纪 50 年代初期至 60 年代中期)。在这个阶段,计算机主要由控制器、存储器、运算器、输入设备、输出设备等五部分组成,计算机的功能由计算机的各个部件通过有机协调的工作来完成。当时,程序在计算机系统中的作用并没有引起足够的重视,人们认为程序只是计算机系统的附属部分。

2. 程序系统阶段

程序系统阶段是计算机系统发展的第二阶段(20 世纪 60 年代中期至 70 年代末期)。多道程序设计、多用户系统引入了人机交互的新概念,出现了实时系统和第一代数据库管理系统。在这个阶段,由于软件产品的广泛使用,出现“软件作坊”,开发的软件可以在较宽广的范围中应用。在软件的使用过程中,需要对软件进行修改和维护。由于程序的个体化特性使得软件维护成本以惊人的速度增长,甚至根本不可能维护,于是“软件危机”出现了。

3. 软件工程阶段

计算机系统发展的第三阶段始于 20 世纪 70 年代中期并跨越了近十年,被称为软件工程阶段。在这一阶段,以软件的产品化、系列化、工程化、标准化为特征的软件产业迅速发展起来,打破了软件生产的个体化特征,有了可以遵循的软件工程化的设计原则、方法和标准,极大地提高了计算机系统的复杂性。广域网、局域网、高带宽数字通信以及对即时数据访问需求的增加都对软件开发者提出了更高的要求。

4. 第四阶段

计算机系统发展的第四阶段已经不再着重于单台计算机和计算机程序,计算机发展正朝着社会信息化和软件产业化方向发展,从技术的软件工程阶段过渡到社会信息化的计算机系统阶段。随着第四阶段的发展和新技术大量涌现,面向对象技术将在许多领域中迅速取代传统软件编程技术。

1.1.3 软件的分类

软件的分类标准不唯一,我们可以从不同角度对计算机软件进行分类。

1. 基于软件功能进行划分

（1）系统软件：它是计算机硬件与相关软件及数据协调工作的软件，如操作系统、数据库管理系统等。系统软件在工作时与硬件频繁交互，以便为用户服务，共享系统资源，系统软件是计算机系统必不可少的重要组成部分。

（2）支撑软件：它是协助用户开发软件的工具软件，可分为以下几类。

① 一般类型：包括文本编辑程序、文件格式化程序、程序库等。

② 支持需求分析：包括问题描述语言、问题描述分析器、关系数据库系统、一致性检验程序等。

③ 支持设计：包括图形软件包、结构化流程图绘图程序、设计分析程序、程序结构图编辑程序等。

④ 支持实现：包括编译程序、交叉编译程序、预编译程序、链接编译程序等。

⑤ 支持测试：包括静态分析程序、符号执行程序、模拟程序、测试覆盖检验程序等。

⑥ 支持管理：包括进度计划评审方法、绘图程序、标准检验程序和库管理程序等。

（3）应用软件：它是在特定领域内开发、为特定目的服务的一类软件。现在几乎所有的领域都使用了计算机，为这些计算机应用领域服务的应用软件种类繁多。其中占比最大的一类是商业数据处理软件，而工程与科学计算软件大多属于数值计算问题。

2. 基于软件工作方式进行划分

（1）实时处理软件：指在事件或数据产生时立即处理，并及时反馈信号，控制需要监测和控制过程的软件。实时处理软件主要包括数据采集、分析、输出三部分，其处理时间有严格限定，如果在任何时间超出了这一限制，都将造成事故。

（2）分时软件：允许多个联机用户同时使用计算机的软件。系统把处理时间轮流分配给各联机用户，使各联机用户都感到只有自己在使用计算机。

（3）交互式软件：能实现人机通信的软件。这类软件接收用户给出的信息，但在时间上没有严格的限定，这种工作方式给予用户很大的灵活性。

（4）批处理软件：把一组输入作业或一批数据以成批处理的方式一次运行，按顺序逐个处理的软件。

3. 基于软件规模进行划分

根据开发软件所需的人力、时间以及完成的源程序行数，可划分为下述 4 种不同规模的软件。

（1）微型软件：指一个人在几天之内完成的，程序不超过 500 行语句且仅供个人专用的软件。通常这类软件没有必要做严格的分析，也不必有完整的设计和测试资料。

（2）小型软件：指一个人在半年之内完成的 2000 行以内的程序。这种程序通常与其他程序之间没有接口，但需要按一定的标准化技术、正规的资料书写以及定期的系统审查，只是没有大型软件那样严格。

（3）中型软件：5 个人以内在一年多时间内完成的 5000～50000 行的程序。中型软件开始出现了软件人员之间、软件人员与用户之间联系和协调的配合关系问题，因而计划、资料书写以及技术审查的要求比较严格。在开发中使用系统的软件工程方法是完全必要的，这对提高软件产品质量和程序开发人员的工作效率起着重要的作用。

(4) 大型软件:指 5～10 个人在两年多的时间内完成的 50000～100000 行的程序。对于这样规模的软件,应对参与工作的软件人员实现二级管理,采用统一的标准、实行严格的审查是绝对必要的。

1.1.4 软件危机

1. 软件危机的产生

软件发展第二阶段的末期,由于计算机硬件技术的发展,计算机运行速度、容量、可靠性有了显著提高,生产成本显著下降,这为计算机的广泛应用创造了条件。一些复杂的、大型的软件开发项目提出来了,但是,软件开发技术的进步一直未能满足发展的要求。在软件开发中遇到的问题找不到解决的办法,使问题积累起来,形成尖锐的矛盾,因而导致了软件危机的出现。

2. 软件危机的表现

软件危机指的是软件开发和维护过程中遇到的一系列严重问题。软件危机主要有以下表现。

(1) 软件产品不符合用户的实际需要。

(2) 软件开发生产效率提高的速度远远不能满足客观需要,软件的生产效率远远低于硬件生产效率和计算机应用的增长速度,使人们不能充分利用现代计算机硬件所提供的巨大潜力。

(3) 软件产品的质量差。软件可靠性和质量保证的定量概念刚刚出现不久,软件质量保证技术(审查、复审和测试)没有很好执行,从而导致软件产品经常发生质量问题。

(4) 对软件开发成本和进度的估计常常不准确。实际成本比估计成本有可能高出一个数量级,实际进度比预期进度拖延几个月甚至几年。这种现象降低了软件开发者的信誉,从而引起用户的不满。

(5) 软件的可维护性差。软件程序中的错误难以改正。很多程序既不能适应硬件环境的改变,也不能根据用户的需要在原有程序中增加一些新的功能。不能实现软件的可重用,人们仍然在重复开发功能类似的软件。

(6) 软件文档资料既不完整,也不合格。

(7) 软件的价格昂贵,软件成本在计算机系统总成本中所占的比例逐年上升。

3. 软件危机产生的原因

上述软件危机的产生是由软件产品本身的特点以及开发软件的方式、方法、技术和人员引起的。

(1) 软件的规模越来越大,结构越来越复杂。随着计算机应用的普及,需要开发的软件规模日益庞大,软件结构也日益复杂。1968 年美国航空公司订票系统达到 30 万条指令;1973 年美国阿波罗计划所需软件系统达到 1000 万条指令。这些软件的功能非常复杂,与硬件设计相比,其逻辑量要多达 10～100 倍。对于这种庞大规模软件,其复杂程度大大超过了人能接受的程度。

(2) 软件开发管理困难。由于软件规模大,结构复杂,又具有无形性,因此导致管理困难,进度控制困难,质量控制困难,可靠性无法保证。

(3) 软件开发费用不断增加。软件生产是一种智力劳动，它是资金和人力密集的产业，大型软件投入人力多，周期长，费用上升很快。

(4) 软件开发技术落后。在20世纪60年代，人们注重一些计算机理论问题的研究，如编译原理、操作系统原理、数据库原理、人工智能原理、形式语言理论等，不注重软件开发技术的研究，用户要求的软件复杂性与软件技术解决复杂性的能力不相适应，它们之间的差距越来越大。

(5) 生产方式落后。传统软件开发采用个体手工方式进行，根据个人习惯爱好工作，无章可循，无规范可依据，仅靠言传身教方式工作。

(6) 开发工具落后，生产率提高缓慢。软件开发工具过于原始，没有出现高效率的开发工具，因而软件生产率低下。在1960—1980年这20年间，计算机硬件的生产由于采用计算机辅助设计、自动生产线等先进工具，使硬件生产率提高100万倍，而这20年间软件生产率只提高2倍，两者生产率相差悬殊。

1.1.5 软件工程

为了克服软件危机，人们从现代产业的工程化生产中得到启示，在1968年北大西洋公约组织的工作会议上首先提出“软件工程”的概念，也就是用现代工程化的思想来开发软件。从此，软件生产进入软件工程时代。

1. 软件工程的概念与发展

软件工程作为一门学科已有近40年的历史，其发展大体可划分为两个时期。20世纪60年代末到80年代初，这一时期主要围绕软件项目的开发，进行了有关开发模型、支持工具以及开发方法的研究。其主要成果体现为：提出了瀑布模型；开发了诸多结构化语言（如PASCAL语言、C语言、Ada语言等）和结构化方法（如“自顶向下”方法），试图向程序员提供好的需求分析和设计方法，并开发了一些支持工具，如调试工具等；开始出现各种管理方法，如费用估算、文档复审；开发了一些相应支持工具，如计划工具、配置管理工具等。这一时期的主要特征可概括为：前期主要研究系统实现技术，后期则开始强调管理及软件质量。

自“软件工厂”这一概念提出以来，20世纪80年代初主要围绕软件工程过程，开展了有关软件生产技术，特别是软件复用技术和软件生产管理的研究和实践。其主要成果是提出了具有广泛应用前景的面向对象方法和相关的语言（如Smalltalk、C＋＋等）；大力开展了计算机辅助软件工程（CASE）的研究与实践（如我国在“七五”“八五”期间，均把这一研究作为国家重点科技攻关项目），各类CASE产品相继问世。其间，最有代表性的产品是过程改进项目，该项目的目标是在工业实践中，建立一种量化的评估程序，判定软件组织成熟的程度。近几年来，软件工程的研究已从过程（管理）转向产品（开发），更加注重新的程序开发研究和软件生产。其中，从大规模开发环境角度，开展了面向用户语言以及复用技术的研究；从抽象程序设计的角度，更加注重需求分析规格说明的形式化研究。与此同时，高智能、高自动化的CASE成为软件工程技术研究的热点。

2. 软件工程的性质

软件工程是一门综合性的交叉学科，它涉及计算机科学、工程科学、管理科学、数学等领域。计算机科学中的研究成果均可用于软件工程，但计算机科学着重于原理和理论，而软件工程着重于如何建造一个软件系统。软件工程要用工程科学中的观点来估算费用、制定进度以及制订计划和方案。软件工程要用管理科学中的方法和原理进行软件生产的管理。软件工程要用数学的方法建立软件开发中的各种模型和各种算法，如可靠性模型、说明用户需求的形式化模型等。

3. 软件工程目标

软件工程是一门工程性学科，目的是成功地开发出用户需要的软件产品，并且该产品可以达到以下几个目标：付出较低的开发成本；达到要求的软件功能；取得较好的软件性能；开发的软件易于移植；需要较低的维护费用；能按时完成开发任务，及时交付使用；开发的软件可靠性高。

4. 软件工程内容

软件工程的主要内容是软件开发技术和软件开发管理两个方面的研究。在软件开发技术中，主要研究软件开发方法、软件开发过程、软件开发工具和环境。在软件开发管理中，主要是研究软件管理学、软件经济学、软件心理学等。

5. 软件工程面临的问题

摆在软件工程面前有许多需要解决的棘手问题，如软件费用、软件可靠性、软件可维护性、软件生产率和软件重用等。

1）软件费用

由于软件生产基本上仍处于手工状态，软件是知识高度密集的综合产物，人力资源远远不能适应软件这种迅速增长的社会要求，所以软件费用上升的势头必然还将继续下去。

2）软件可靠性

软件可靠性是指软件系统能否在既定的环境条件下运行并实现所期望的结果。在软件开发中，为了提高软件可靠性，通常要花费40%的代价进行测试和排错。

3）软件维护

统计数据表明：软件的维护费用占整个软件系统费用的2/3，而软件开发费用只占整个软件系统费用的1/3。这是因为已经运行的软件还需排除隐含的错误，新增加的功能要加入进去，维护工作非常困难，效率又非常低下。因此，如何提高软件的可维护性，减少软件维护的工作量，也是软件工程面临的主要问题之一。

4）软件生产率

计算机的广泛应用使得软件的需求量大幅度上升，而软件的生产又处于手工开发的状态，软件生产率低下，使得各国都感到软件开发人员不足，这种趋势仍旧会继续下去。所以，如何提高软件生产率是软件工程又一重要问题。

5）软件重用

提高软件的重用性，对于提高软件生产率、降低软件成本有重要意义。当前的软件开发存在着大量重复的劳动，耗费了不少的人力资源。软件重用有各种级别，软件规格说明、软件模块、软件代码、软件文档等都可以是软件重用的单位。软件重用是软件工程中的一个重要研究课题，软件重用的理论和技术至今尚未彻底解决。

6. 软件工程学科特点

软件工程与计算机科学技术、数学、管理学、经济学、系统工程、信息论等学科有密切联系，工程化、系统性、综合性、交叉性、实践性、发展性是软件工程的学科特点。

1）软件工程与其他学科的关系

软件工程与相关学科存在着广泛的联系。软件工程首先要运用工程学的原理和方法来指导软件开发，以形成完整的工程体系；软件工程大量运用数学的理论和方法，软件开发中的程序设计算法，模型的提取和描述，软件体系结构、需求的形式化描述都离不开数学方法；软件开发，尤其是大型软件开发涉及多方面错综复杂的因素，只有从系统的观点把握和组织软件开发，方能保证软件开发的成功，所以软件工程与系统工程学科存在着密切的联系；软件开发涉及多方面的人员，如何有效地调动人员的积极性，提高软件开发的效率和质量，是软件工程需要研究的问题，因此，软件工程又要运用心理学和行为科学的理论和方法；软件工程还要运用管理学的原理和方法，指导软件过程的管理，以提高软件的质量和效率；除此之外，软件作为一种社会产品有其经济价值，软件工程需要运用经济学的原理和方法，进行社会、市场和经济分析。总之，软件工程是建立在多学科基础上的综合性、交叉型和工程型学科。

2）软件工程的学科形态

软件工程的学科形态主要体现在设计和抽象两个方面。

设计是工程科学研究方法的基础，一般包括需求描述、技术条件、设计和实现、测试和分析等方面。软件工程把工程计划、可行性研究、需求分析、方案设计、工程实现、工程审核、质量监督等工程学的方法引入软件开发过程之中，研究划分软件开发的阶段和步骤，确定各个阶段的工作目标、任务和结果，以及软件开发过程进度、经费和质量的控制。因此，工程化是软件工程学科的最主要特点。

在软件开发过程中，大量使用模型方法。建立能够反映需求本质的逻辑模型是需求分析的主要结果，并在逻辑模型的基础上，充分考虑实现环境，运用确定的设计方法，得出软件系统的设计模型。新一代软件工程研究和探讨软件体系结构本身就是模型问题。在数据库设计中涉及概念模型、逻辑模型和物理模型。对具体应用问题的分析也要抽取应用模型，像决策模型、库存模型、生产供销模型、财务模型、人才需求模型等。所以，抽象是软件工程学科的一种基本形态。

3）软件工程的学科特点

系统性、工程化、综合性、交叉性是软件工程学科的基本特点。除此之外，实践性和发展性也是软件工程的主要特点。软件工程的最终目的是如何有效地生产软件产品，因此，软件工程的问题来源于实践，同时又应用于实践。

软件工程是一门相对年轻的学科，它的概念、理论、内容、方法、技术还处在不断地发展和完善过程中。较之于建筑、机械、化学、纺织等传统工程，软件工程是一门处在发展中的学科。

1.2 软件生存周期模型及软件开发方法和工具

1.2.1 软件生存周期模型

模型是为了理解事物而对事物做出的一种抽象形式、一个规划、一个程式。软件生存周期模型是描述软件开发过程中各种活动如何执行的模型，它对软件开发提供强有力的支持，为软件开发过程中所有活动提供统一的政策保证，是建立软件开发环境的核心。软件生存周期模型确立了软件开发和演绎中各阶段的次序限制以及各阶段活动的准则，便于各种活动的协调，有利于活动管理。

软件生存周期模型能表示各种活动的同步和制约关系及活动的动态特性，能适应不同的软件项目，具有较强的灵活性。

目前有若干种软件生存周期模型，如瀑布模型、喷泉模型、螺旋模型、演化模型、敏捷模型、变换模型和基于知识的模型等。

1. 瀑布模型

瀑布模型(waterfall model)是将软件生存周期各个活动规定为依线性顺序连接的若干阶段的模型。它包括可行性分析、项目开发计划、需求分析、概要设计、详细设计、编程、测试和维护。它规定了由前至后、相互衔接的固定次序，如同瀑布流水，逐级下落。

瀑布模型(见图 1-1)为软件开发提供了一种有效的管理模式。根据这一模式制订开发计划，进行成本预算，组织开发力量，以项目的阶段评审和文档控制为手段有效地对整个开发过程进行指导，所以它是以文档作为驱动、适合于软件需求很明确的软件项目的模型。

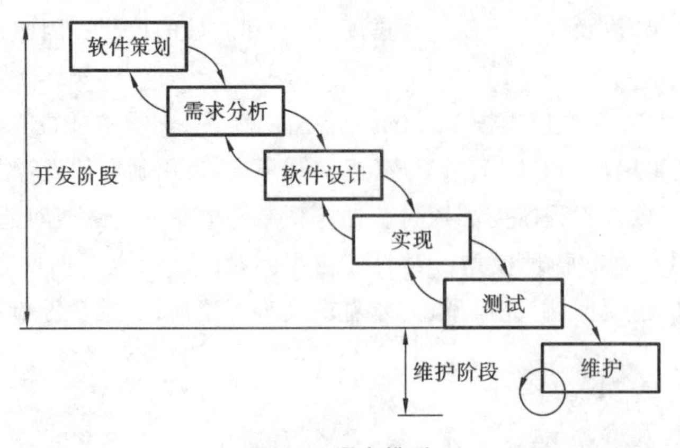

图 1-1　瀑布模型

瀑布模型反映了软件各阶段的顺序过渡过程，因此，也可以称为顺序模型。瀑布模型各阶段的不可重复性，对软件开发要求过于苛刻，不符合人们认识问题的一般规律。人们认识问题总是由粗到细、由表及里、逐步深化,软件开发的认知活动也同样需要逐步深化,因此各工作阶段之间的反复在一定程度上是必要的。不可重复性是瀑布模型的重大缺陷。

2. 喷泉模型

喷泉模型(fountain model)表示软件生存期需要划分成为多个相对独立的阶段,但各个阶段之间的界限并不十分明确,相邻阶段之间存在一定的重叠和交叉,如图1-2所示。各阶段之间允许重复,并允许从一个阶段回溯到本阶段之前的某一阶段。喷泉模型比较形象地表示了软件开发各阶段重叠和交叉的连接模式。

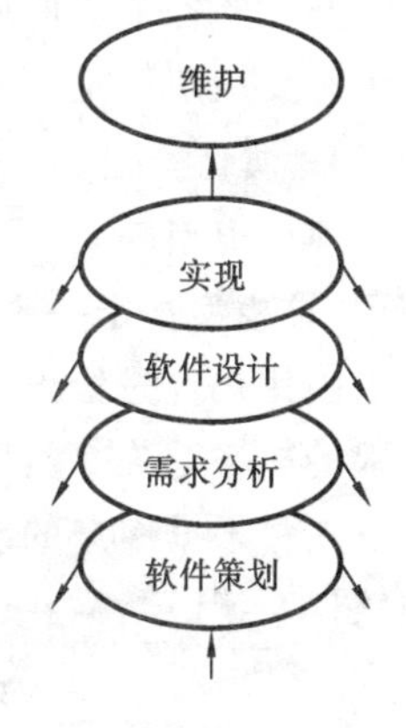

图1-2 喷泉模型

瀑布模型要求软件各生存阶段必须有明确的边界,各阶段的目标和任务必须清楚明确,不能含糊重叠。但是在实际软件开发过程中,有些任务很难明确划归到某一个确定的阶段中,而是处在两个阶段的边沿和软件设计交界处。另外,有些工作理应在某一阶段完成,但也可能完成此任务的需求分析条件一时还不具备,如果仅仅因为这个任务没有完成而暂停整个软件策划工作,就要延误整个开发时间,把这个工作留到下一阶段完成,这样可以把整个开发工作推进到下一阶段。因此,喷泉模型更符合软件开发工作的实际。

3. 螺旋模型

螺旋模型(spiral model)规定软件开发采取分步推进、逐步深化的螺旋模式。在螺旋模型下,每一个螺旋式的循环都是对上一次循环的进一步深化和细化。快速原型法和面向对象方法都采用螺旋模型。螺旋模型如图1-3所示。

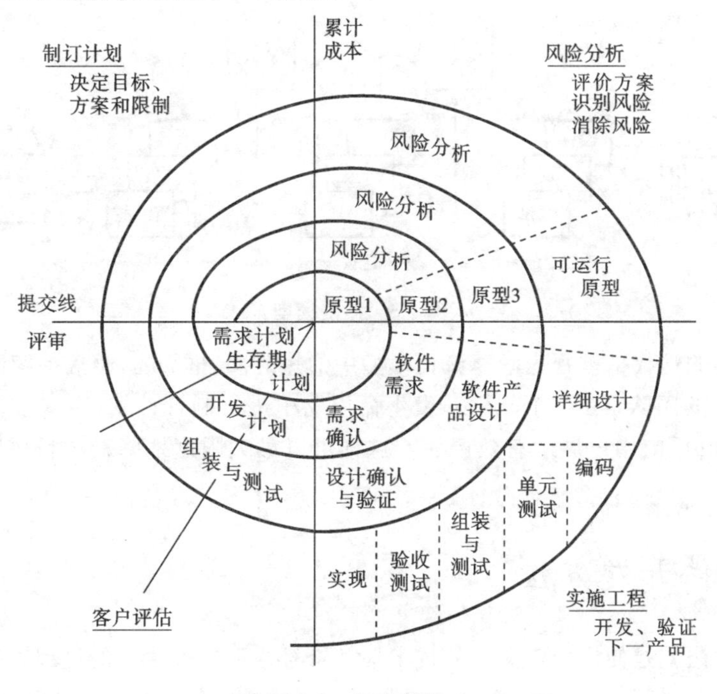

图1-3 螺旋模型

从认识论角度看,螺旋模型更符合人们认识事物的由粗到细、由表及里、逐步深化的规律,系统开发的各个阶段可以回溯和重复,随着螺旋周期的发展,系统逐步接近于问题的本质,每一个螺旋周期都是对上一个周期的深化和细化。

4. 演化模型

演化模型(evolutionary model)适用于事先不能明确确定需求的软件系统开发。如图 1-4 所示,该模型规定一个软件系统的开发工作可以通过多次更迭过程来完成。在软件开发初期,可以由用户首先给出软件的基本需求。开发人员根据基本需求,快速构建一个反映用户基本需求的核心系统。然后把核心系统提供给用户,用户对核心系统进行评价,并提出改进意见。开发人员根据用户的改进意见进行第二次迭代开发,这样通过多次重复,最后开发出用户满意的软件系统。

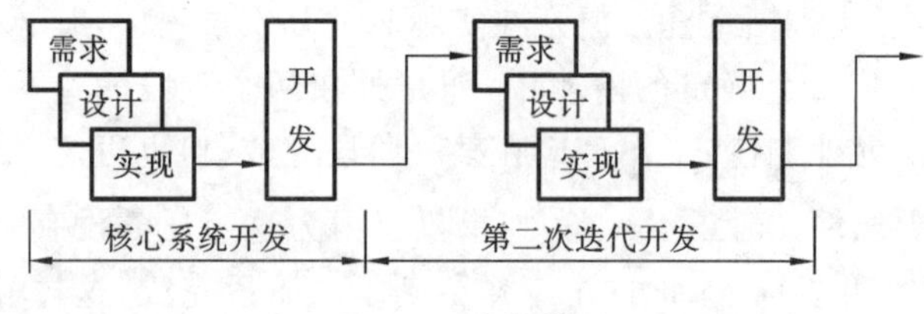

图 1-4 演化模型

5. 敏捷模型

敏捷模型 (Agile model)是一种以人为核心,迭代、循序渐进的开发方法。在敏捷开发中,软件项目被划分成多个相互联系、可独立运行的子项目(迭代),每个迭代的成果都经过测试,具备集成和可运行的特征,如图 1-5 所示。

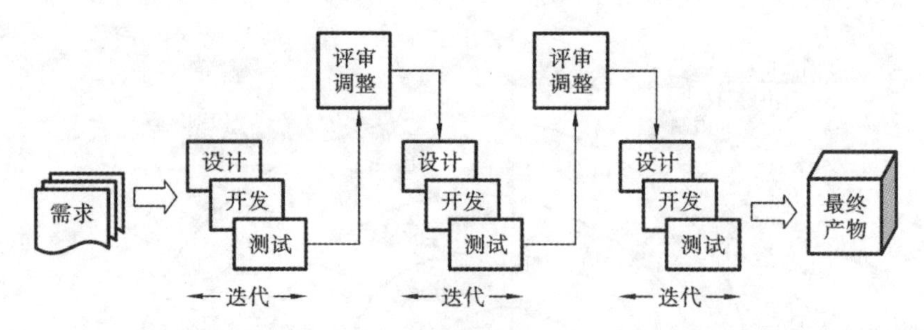

图 1-5 敏捷模型

敏捷模型中的迭代都被视为敏捷流程模型中的短时间“框架”,通常持续数周。每次迭代都涉及一个独立的团队,在整个软件开发生命周期中进行制订计划、需求分析、设计、编程和测试等工作,完成后向用户展示有效产品。这样可以最大限度地降低项目风险,并减少总体项目交付时间。

1.2.2 软件开发方法

软件开发方法就是使用已定义好的技术集及符号描述软件生产的过程。软件开发的目标是在规定的投资和时间内,开发出符合用户需求的高质量的软件。为了达到此目的,需要成功的开发方法。

软件开发方法是为解决软件危机而产生的开发方法。在20世纪60年代，对软件开发方法重视不够和解决软件复杂性的能力不够，因而成为产生软件危机的原因之一。因此，自软件工程诞生以来，人们开始重视软件开发方法的研究，已经提出了多种软件开发方法和技术，对软件工程及软件产业的发展起到了重要的作用。

1. 结构化方法

结构化方法由结构化分析、结构化设计、结构化程序设计构成。它是一种面向数据流的开发方法。该方法简单实用，使用较广，技术成熟。

结构化分析是根据分解与抽象的原则，按照系统中数据处理的流程，用数据流图来建立系统的功能模型，从而完成需求分析工作。结构化设计是根据模块独立性准则、软件结构准则将数据流图转换为软件的体系结构，用软件结构图来建立系统的物理模型，实现系统的概要设计。结构化程序设计是根据结构程序设计原理，将每个模块的功能用相应的标准控制结构表示出来，从而实现详细设计。

结构化方法总的指导思想是自顶向下、逐步求精。它的基本原则是功能的分解与抽象。它是软件工程中最早出现的开发方法，特别适合于数据处理领域的问题。相应的支持工具较多，发展较为成熟。

结构化方法不太适用于规模大和特别复杂的项目，该方法难以解决软件重用问题，难以适应需求变化的问题，难以彻底解决维护问题。

2. JSP 方法

这是一种面向数据结构的开发方法。因为一个问题的数据结构与处理该问题的控制结构有着惊人的相似之处，根据这一思想而形成最初的JSP(jackson structure programming)方法。首先描述问题的输入、输出数据结构，分析其对应性，然后推出相应的程序结构，从而给出问题的软件过程描述。

JSP方法是以数据结构为驱动的，适合小规模的项目。当输入数据结构与输出数据结构无对应关系时，难以应用此方法。基于JSP方法的局限性，又发展了JSD(Jackson system development)方法，它是JSP方法的扩充。

JSP方法是一个完整的系统开发方法。首先建立现实世界的模型，再确定系统的功能需求，对需求的描述特别强调操作之间的时序性。它是以事件作为驱动的，是一种基于进程的开发方法，通常应用于时序特点较强的系统，包括数据处理系统和一些实时控制系统。

JSP方法对客观世界及其与软件之间的关系认识，不够完整，所确立的软件系统实现结构过于复杂，软件结构说明的描述采用第三代语言，这些都不利于软件开发者对系统的理解以及开发者之间的通信交流，在很大限度上限制了人们实际运用JSD方法的热情。

3. 维也纳开发方法(VDM)

这是一种形式化的开发方法，软件的需求用严格的形式语言描述，然后把描述模型逐步变换成目标系统。

VDM是一个基于模型的方法，以指称语义为基础。它的主要思想是将软件系统当作模型来给予描述，把软件的输入、输出看作模型对象，把这些对象在计算机内的状态看作该模型在对象上的操作。它的目的是从软件系统最高一级抽象到最后生成目标的每一步都给予形式化说明，以此提高软件的可靠性。该方法自20世纪70年代初提出以来，已成为一种大型系统软件的形式化开发方法，具有较大的潜力，在欧洲及北美有相当大的影响，到20世纪80年代已将它应用到工程开发上。

4. 面向对象的开发方法

面向对象的开发方法完全不同于传统开发方法，它是20世纪90年代的主流开发方法。面向对象开发方法的基本出发点是尽可能按照人类认识世界的方法和思维方式来分析和解决问题。客观世界是由许多具体的事物、事件、概念和规则组成的，这些均可被看成对象，面向对象方法正是以对象作为最基本的元素，它也是分析问题、解决问题的核心。由此可见，面向对象方法自然符合人类的认识规律。计算机实现的对象与真实世界的对象有一一对应的关系，不必做任何转换，这就使面向对象易于为人们所理解、接受和掌握。

面向对象开发方法包括面向对象分析、面向对象设计、面向对象实现。面向对象开发方法有Booch方法、Coad方法和OMT方法等。为了统一各种面向对象方法的术语、概念和模型，1997年推出了统一建模语言，即UML(unified modeling language)语言，它是面向对象的标准建模语言，通过统一的语义和符号表示，使各种方法的建模过程和表示统一起来，成为面向对象建模的工业标准。

1.2.3 软件开发工具

1. 软件开发工具的重要性

软件开发工具一般是指为了支持软件人员开发和维护活动而使用的软件，如项目估算工具、需求分析工具、设计工具、编程工具、测试工具和维护工具等。使用了软件开发工具后，可大大提高软件生产率。

2. 工具箱

最初的软件工具是以工具箱的形式出现的，一种工具支持一种开发活动，然后将各种工具简单组合起来就构成工具箱。但是，工具箱的工具界面不统一，工具内部无联系，工具切换由人工操作。因此，它们对大型软件的开发和维护的支持能力是有限的，即使可以使用众多的软件工具，但由于这些工具之间相互隔离、独立存在，无法支持一个统一的软件开发和维护过程。

3. 软件开发环境

为了解决工具箱存在的问题，人们在工具系统的整体化及集成化方面展开一系列研究工作，使之形成完整的软件开发环境。其目的是使软件工具支持整个生存周期，不仅能支持软件开发和维护中的个别阶段，而且能支持从项目开发计划、需求分析、设计、编程、测试到维护等所有阶段，做到不仅支持各阶段中的技术工作，还要支持管理和操作工作，保持项目开发的高度可见性、可控制性和可追踪性。

4. 计算机辅助软件工程

目前，软件开发工具正在发生很大的变化。其目的是实现软件生存周期各个环节的自动化。这些工具主要用于软件的分析和设计，使用这些工具，软件开发人员就能在计算机或工作站上以对话的方式建立各种软件系统。

计算机辅助软件工程可以简单地定义为软件开发的自动化，通常简称为CASE(computer aided software engineering)。它对软件的生存周期概念进行了新的探讨，这种探讨是建立在自动化基础上的，CASE的实质是为软件开发提供一组优化集成的且能大量节省人力的软件开发工具，其目的是实现软件生存周期各环节的自动化并使之成为一个整体。

CASE技术是软件工具和软件开发方法的结合。它不同于以前的软件技术，因为它强调了解决整个软件开发过程的效率问题，而不是解决个别阶段的问题。由于跨越了软件生存周期各个阶段，着眼于软件分析、设计以及实现和维护的自动化，从软件生存周期的两端解决了生产率问题。

CASE工具不同于以往的软件工具，主要体现在：支持专用的个人计算环境；使用图形功能对软件系统进行说明并建立文档；将软件生存周期各阶段的工作连接在一起；收集和连接软件系统中从最初的软件需求到软件维护各个环节的所有信息；用人工智能技术实现软件开发和维护工作的自动化。

在软件项目的开发中，要采用一种生存周期模型，按照某种开发方法，使用相应的工具系统进行开发。

通常，结构化方法可使用瀑布模型、增量模型、螺旋模型进行开发；JSP方法可使用瀑布模型、增量模型进行开发；面向对象的开发方法一般是采用喷泉模型，也可采用瀑布模型、增量模型进行开发；而形式化的维也纳开发方法只能用变换模型进行开发。

1.3　软件工程过程

1.3.1　概述

从一般意义上讲，过程是指事物状态的变化在时间上的持续和空间上的延伸，是对事物状态变化进程的描述。在软件工程中，软件生存期过程是指软件生存周期中一系列相关活动按照确定的次序演进变化的进程，简称为软件过程(software process)。活动是软件过程的单元，由软件工程中的一组相关活动构成一个软件过程，像开发过程就包括实施准备、需求分析、系统设计、编程测试、系统集成等活动。活动是具有确定目的的相对独立的过程单元。活动的规模有大有小，软件生存周期的一个阶段可以是一个活动，一个小步骤也可以是一个活动。IEEE把软件过程分为获取过程、供应过程、开发过程、运作过程、维护过程、管理过程、支持过程和裁剪过程等。

参与软件过程的人员角色有获取者、供应者、管理者、开发者、操作人员、维护人员和其他相关人员。获取者也称为需方，是指需要供应者为其提供软件系统或服务的组织或个人。供应者也称为供方，是指为需方提供软件系统或服务的组织或个人。

软件过程反映了在软件生存周期中，不同方面的人员对软件的观察角度和实施的活动进程。获取者和供应者从合同角度来参与的软件过程，就是获取过程和供应过程；管理者从管理角度来参与和观测的软件过程，就是管理过程；开发者、操作者和维护者从工程角度来参与的软件过程,则是开发过程、操作过程和维护过程;从对软件的支持角度所得出的软件过程,则是支持过程。

软件生存周期反映软件实体从生到灭所历经的生存阶段。软件过程则描述的是在软件生存周期中,各种不同角色的主体从不同角度所观测到的活动进程(就像人的生命周期是从出生开始,经过幼年、少年、青年、中年、老年直到死亡)。但是,赋予人和人本身所进行的活动进程,根据赋予的角色不同,会存在复杂的多面过程,如人的学习过程、病人的治疗过程、人的世界观形成过程等。所以,软件生命周期具有顺序单面性,而软件过程则具有多面性。

1.3.2 软件过程

软件工程过程规定了获取、供应、开发、操作和维护软件时,要实施的过程、活动和任务。其目的是为各种人员提供一个公共的框架,以便用相同的语言进行交流。

这个框架由几个重要过程组成,这些主要过程含有用来获取、供应、开发、操作和维护软件所用的基本的、一致的要求。该框架还有用来控制和管理软件的过程。各种组织和开发机构可以根据具体情况进行选择和剪裁。该框架可在一个机构的内部或外部实施。

软件工程过程没有规定一个特定的生存周期模型或软件开发方法,各软件开发机构可为其开发项目选择一种生存周期模型,并将软件工程过程所含的过程、活动和任务映射到该模型中。也可以选择和使用软件开发方法来执行适合于其软件项目的活动和任务。

国标 GB 8566—1995(《信息技术软件生存期过程》,现已作废)规定软件过程包括获取过程、供应过程、管理过程、开发过程、运作过程、维护过程、支持过程和裁剪过程,如图 1-6 所示。

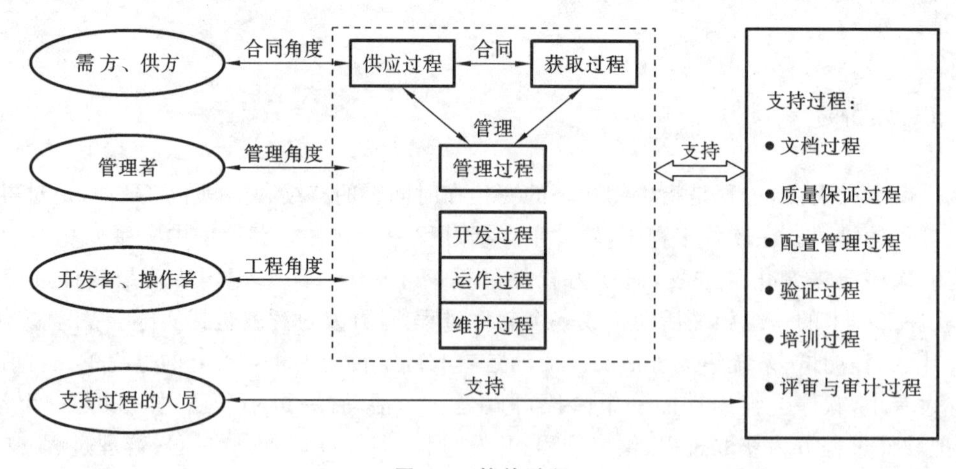

图 1-6 软件过程

1. 获取过程

获取过程(acquisition process)是需方获得一个系统或软件产品的一系列相关的活动。获取过程一般包括开始和范围定义、招标准备、合同的准备、谈判及修改、对供方的监督和验收完成等项活动。

2. 供应过程

供应过程(supply process)是供方根据合同向需方提供系统、软件产品或服务的活动。供应过程包括开始、准备投标、签订协议、编制计划、实施和控制、评审和评价、交付和完成等项活动。

3. 管理过程

管理过程(management process)是各过程中的管理人员对自己过程中的任务和活动所实施的管理活动。管理过程是一个基本过程,适用于必须对自己过程实施管理的任何一方,如需方、供方、开发者、操作者、维护者等。管理过程适用于多个过程,如获取过程、供应过程、开发过程、操作过程、维护过程、支持过程等。管理过程一般包括开始和范围定义、计划、实施和控制、评审和评价、完成等项活动。

4. 开发过程

开发过程(development process)是开发者根据合同要求,进行软件开发或服务的一系列活动。该过程包括软件策划、需求分析、软件设计、软件编码、软件测试、软件集成、验收、安装和支持等项活动。

5. 运作过程

运作过程(operation process)是用户和操作人员在用户的业务环境中为使软件产品投入运行所进行的一系列活动。在软件开发过程完成后,通过运作过程能够将系统从开发环境迁移到用户的业务运作环境,在运行过程中对用户的要求提供帮助和咨询,并需要对系统运作进行评价等活动。

6. 维护过程

活动交付和维护过程(maintenance process)是软件产品投入运行之后,为了保证软件产品的性能,适应需求、环境和技术等因素的变化,由维护人员对系统或软件产品所进行修改和改进的相关活动。维护过程包括问题和改进分析、修改和实施、对维护的评审和验收、移植、软件退役等项活动。

7. 支持过程

支持过程(supporting process)是在软件生存周期中,除了其他6个过程之外,起着辅助、支持作用的软件过程。支持过程包括一组过程,主要有文档过程、配置管理过程、质量保证过程、验证过程、评审和审计过程、培训过程、环境建立过程等。

1) 文档过程

文档是软件的组成部分,软件开发和维护过程中需要生成大量的文档。文档过程就是记录软件生存周期各过程或活动所产生各种信息的过程,文档过程中需要有计划、设计、编写、编辑、交流、发行、维护、保管文档等活动。

2) 配置管理过程

软件系统运行在确定的软硬件环境中,需要对软件系统的环境进行有效配置。配置工作包括:确定系统的软件配置,以及各个配置的基本要求;控制各个配置的修改与交付记录,以及报告配置的完成情况和修改请求;保证配置的完整性、相容性和正确性;控制配置的存储、处理和提交。配置管理过程包括:过程的准备与实施,配置的评定,配置的控制,配置情况报告,配置的评价、提交等活动。

3) 质量保证过程

本过程是为了保证软件产品和服务符合预期的要求和计划所实施的相关活动。本过程包括过程准备与实施，软件产品的质量保证，软件过程的质量保证和改进等活动。

4）验证过程

通过验证来确认系统需求是否达到了预定要求。验证过程包括过程的准备与实施、需求验证、设计验证、代码验证、集成验证、文档验证等活动。

5）评审和审计过程

评审是按照合同和系统的有关资料，从经济、技术、管理等方面对系统的方案及软件进行评价所涉及的一些相关活动。评审包括过程的准备与实施、技术评审、管理评审、经济评审等活动。

6）培训过程

在软件系统中，需要对管理人员、开发人员、维护人员、操作人员进行各种培训。培训过程包括过程的建立、培训资料的编写、制订培训计划、培训的实施等活动。

7）环境建立过程

为系统的开发和运行建立所需要的环境，包括过程建立、环境建立、环境维护等活动。

8. 裁剪过程

上面列出了软件系统包括的 7 个软件过程。一个具体的软件系统或服务项目，不一定需要所有过程以及过程中所包含的所有活动，其可根据具体项目要求，配置本项目开发所需要的相关过程，对具体项目的过程和活动配置工作所涉及的相关活动称为裁剪过程（tailoring process）。

裁剪过程包括确定项目环境、收集相关信息、选取过程、确定活动和任务、生成裁减结果等活动。

1.3.3 统一软件开发过程

软件生命周期包括多个过程，软件开发过程是其中最为重要的过程，每一种软件开发方法都规定着一种软件开发过程，不统一。美国 Rational 公司在研究统一建模语言（UML）的过程中，通过对各种软件开发过程的比较，于 1998 年 6 月公布了统一软件开发过程（rational unified process，RUP）。从此，结束了软件开发过程的混乱局面，使软件开发过程得到了统一。

统一软件开发过程是一个由时间和工作构成的二维结构。从时间维度，软件开发分为初始、细化、构建和移交 4 个工作阶段。从工作维度，软件开发又存在策划、分析、设计、实现和测试 5 项核心工作。统一软件开发过程的结构如图 1-7 所示。

1. 统一软件开发过程的特点

统一软件开发过程具有由用例驱动、以构架为中心、迭代开发的三个特点。

1）用例驱动

用例（use case）是描述系统为完成一个功能与用户的一次交互过程。一个用例反映系统的一项功能，系统的所有用例集合反映系统的全部功能，用例集合又称为用例模型。用例模型既作为需求说明，完整地反映用户需求，又可以驱动软件开发过程。开发人员以在用例模型的基础上，建立系统的逻辑模型、设计模型和实现模型，并可以用例模型为基准，建立系统的测试

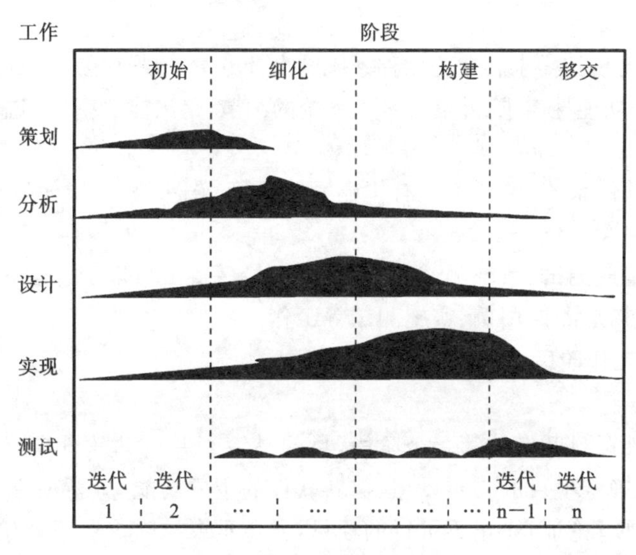

图 1-7　统一软件开发过程

模型。

2）以构架为中心

软件构架是软件系统的结构。如果把软件构架比作人的骨架，软件的其他内容就相当于血和肉。构架是软件的核心，统一软件开发过程把软件构架放到软件开发的中心位置。首先建立结构稳定、具有适应性的软件构架，然后在构架的基础上再填充细节，形成最终的软件系统。

3）迭代开发

迭代方式是减小风险、提高效率的有效方法。它把一个大的软件项目通过迭代变为多个"袖珍项目"，每一个袖珍项目的开发就是一次迭代。在迭代开发中，可以把具有重大风险的需求实现放到前面，随着迭代过程的进展，风险将逐步减小。每一次迭代都会产生一个实现的中间结果，这个结果可以反馈给用户，以征求用户的意见。这样，在开发过程中，就可以随时更正需求产生的偏差，避免按照瀑布模型直到系统实现阶段，用户才看到实际结果，此时再进行更正将要花费很大的代价。

2. 统一软件开发过程的核心工作

统一软件开发过程中包括多项工作，其中核心工作有策划、分析、设计、实现和测试。

1）策划

提出软件开发设想，确定软件规模、范围和初步需求，并对提出的软件进行可行性分析，组织开发队伍，编制开发计划。

2）分析

进行领域分析和需求分析。领域分析是对软件所服务的业务领域进行的分析。需求是由用户提出，经开发人员分析所确定的软件系统合理的功能和性能。UML 用用例图来描述软件需求。需求工作是了解和确定需求的一系列活动。需求工作的任务是了解业务过程，捕获并分析用户需求，建立完整、合理的需求模型。

3）设计

在需求分析基础上，把需求转化为软件系统的设计方案。设计是对分析工作的细化，要考虑系统的实现环境和非功能性需求，并需要深入系统的细节，得出能够指导实施的系统设计方案。

4）实现

实现所设计的软件系统，主要工作有构建系统环境、软件编程、单元测试、系统集成等。

5）测试

测试主要包括集成测试、系统测试和验收测试，最后得出可以交付运行的软件系统。需要完成编制测试计划、构造测试用例、实施测试等工作。

3. 统一过程的工作阶段

1）初始阶段

初始阶段是软件项目开发的第一个阶段，目的是策划并启动软件项目。在这个阶段将根据项目开发的提议，确定项目的初步设想，捕获软件的主要功能，分析项目所面临的重大风险，并对项目的可行性进行论证，终止不可行的项目，避免重大风险。一般初始阶段所花费的工作量占软件开发总工作量的5%～8%。

2）细化阶段

在这个阶段需要进一步捕获用户需求，一般需要捕获80%左右的软件需求；再从中选择对系统的功能、结构有重大影响的基本需求，并对这部分需求进行分析、设计、实现和测试。在历经这一工作的过程中，产生反映基本需求的系统模型，其中包括需求模型、设计模型、实现模型和测试模型。

3）构建阶段

在细化阶段的基础上，构建出可以初步运行的软件系统。在构建阶段要对所构建的过程进行详细计划，通过多次迭代，完成构建工作。每一次迭代所得到的结果，将增加到所构建的软件半成品中，最后一次迭代结果就是要交付使用的软件系统。

4）移交阶段

移交阶段把构造出的软件系统交付给用户使用。在这一阶段，要对软件进行验收测试，由用户评价，并根据用户提出的修改意见进行改进。另外，移交阶段还包括对用户培训，办理移交手续，设置用户使用环境，使软件在用户的环境中正常稳定运行。

习 题 1

1. 软件产品的特性是什么？
2. 软件生产有几个阶段？各有何特征？
3. 什么是软件危机？其产生的原因是什么？
4. 什么是软件工程？它的目标和内容是什么？
5. 软件工程面临的问题是什么？
6. 什么是软件生存周期？它有哪几个活动？
7. 什么是软件生存周期模型？它有哪些主要模型？
8. 什么是软件开发方法？它有哪些主要方法？

第2章 软件可行性分析

在问题被提出后，首先要解决的是问题有没有可行的解决方案。可行性分析不是分析如何解决问题，而是分析问题是否值得去解决。在可行性分析阶段，应用尽可能小的代价去确定问题是否能够解决。

2.1 可行性分析的意义

可行性分析也称为可行性研究，它是所有工程项目在开始阶段必须进行的一项工作。可行性分析是指在项目正式开发之前，先投入一定的精力，通过一套准则，从经济、技术、社会等方面对项目的必要性、可能性、合理性以及项目所面临的重大风险进行分析和评价，得出项目是否可行的结论。

可行性分析的结论无非是三种情况：

(1) 可行，按计划进行；

(2) 基本可行，对项目要求或方案做必要修改；

(3) 不可行，不立项或终止项目。

2.2 可行性分析的内容

2.2.1 经济可行性

经济可行性(economic feasibility)分析也称为投资效益分析或成本效益分析，它是对软件项目所需要的花费和项目开发成功之后所能带来的经济效益进行分析。通俗地讲，分析软件的经济可行性，就是分析项目是否值得开发。

投资效益分析需要确定出要开发软件的总成本和总收益，然后对成本和效益进行比较，当收益大于成本时，这个项目才值得开发。

软件开发成本是指软件从立项到投入运行所花费的所有费用，而运行成本则是指系统投入使用之后，系统运行、管理和维护所花费的费用。

软件的效益包括直接效益和间接效益两个方面。直接效益是软件能够直接获取的，并且能够用资金度量的效益。如开发成本的降低、资金周转率的提高、开发人员的成本减少等都可以提高软件的直接效益，它们可以用资金进行计算。间接效益也称为社会效益，是能够整体地提高企业信誉和形象，提高企业的管理水平，但不能简单地或无法用资金度量的效益。

通过比较成本和效益，就可以决定将要立项的软件是不是值得开发。一般比较的结论有三个：①效益大于成本，软件开发对企业有价值；②成本大于效益，软件不值得开发；③效益和成本基本持平，应分析是否立项开发。

在进行成本、效益分析时不应忽视软件给企业所带来的间接效益，对软件开发尤其要注意间接效益。简单地从经济角度看，有些软件可能投入大于直接效益，但是它对企业带来的间接效益很大，这类软件仍然要立项开发。

2.2.2 技术可行性

技术可行性（technical feasibility）是分析在特定条件下，技术资源的可用性和这些技术资源用于解决软件问题的可能性和现实性。在进行技术可行性分析时需注意以下几方面的问题。

(1) 全面考虑技术问题。

软件开发过程涉及多方面的技术，如软件开发方法、软件平台、网络结构、软件结构、输入/输出技术等。应该全面和客观地分析软件开发所涉及的技术以及这些技术的成熟度和现实性。

(2) 尽可能采用成熟技术。

成熟技术是被多人用过并被反复证明行之有效的技术，因此采用成熟技术一般具有较高的成功率。另外，成熟技术经过长时间、大范围的使用、补充和优化，其精细程度、优化程度、可操作性、经济性要比新技术的好。基于以上原因，在软件开发过程中，在可以满足系统开发需要、能够适应系统发展、保证开发成本的条件下，应该尽量采用成熟技术。

(3) 着眼于具体的开发环境和开发人员。

许多技术从总的来看可能是成熟和可行的，但是在自己的开发队伍中如果没有人掌握这种技术，项目组中又没有引进具有这种技术的人员，那么这种技术对本系统的开发仍然是不可行的。例如，分布对象技术是分布式系统的一种通用技术，但是如果在自己的开发队伍中没有人掌握这种技术，那么从技术可行性上看就是不可行的。

2.2.3 社会可行性

社会可行性的内容比较广泛，它需要从政策、法律、制度、管理、人员等社会因素论证软件开发的可能性和现实性。例如，对软件所服务的行业以及软件的应用领域，国家和地方已经颁布的法律和行政法规是否与所开发的软件相抵触？企业的管理制度与软件开发是否存在矛盾的地方？人员的素质和人员的心理是否为软件的开发和运行提供了准备？这类问题都属于社会可行性需要研究的问题。

社会可行性还要考虑操作可行性，操作可行性是分析和测定给定软件在确定环境中能够有效地从事工作并被用户方便使用的程度和能力。操作可行性需要考虑以下方面：

(1) 问题域的手工业务流程,新系统的流程,两种流程的相近程度和差距;

(2) 系统业务的专业化流程;

(3) 系统对用户的使用要求;

(4) 系统界面的友好程度以及操作的方便程度;

(5) 用户的实际能力。

分析操作可行性必须立足于实际操作和使用软件系统的用户环境。例如,A公司的全体收款员都能够熟练地运用收款机进行收款业务,并不意味着B公司的收款员也必然能做同样的事情。可行性研究的内容之一就是要判断B公司收款员当前所具有的能力,以便下一步为他们的改变做出合适的决定。

可行性分析完成之后要编写可行性分析报告。可行性分析报告包括软件概要介绍、可行性分析过程和可行性分析结论等内容。可行性分析报告可参考2.5节。

2.3 可行性分析方法

2.3.1 系统流程图

1. 系统流程图的作用

在进行上述的可行性研究过程中,要以概括的形式描述现有系统的高层逻辑模型,并通过概要的设计变成所建议系统的物理模型。系统的物理模型可以用系统流程图来描述。

系统流程图是描绘物理系统的传统工具,它用图形符号来表示系统中的各个元素,如人工处理、数据处理、数据库、文件、设备等。它表达了系统中各个元素之间信息流动的情况。

2. 系统流程图的符号

系统流程图的符号如表2-1所示。

表2-1 系统流程图的符号

符号	名称	说明
▭	处理	能改变数据值或数据位置的加工或部件
▱	输入/输出	表示输入或输出(或既输入又输出),是广义的不指明具体设备的符号
○	连接	指出转到图的另一部分或从图的另一部分转来,通常在同一页上
⬠	换页连接	指出转到另一页图上或由另一页图转来

续表

符号	名称	说明
	人工操作	由人工完成处理
	数据流	用来连接其他符号,指明数据流动方向

3. 系统流程图举例

下面以某图书馆的借书流程为例,说明系统流程图的使用。

某图书馆借书流程如下:读者首先被验明证件后才能进入查询室,然后在查询室内通过检书卡或利用终端检索图书数据库来查找自己所需的图书。找到所需图书并填好索书单后到服务台借书,如果所借图书还有剩余,管理员根据填好的借书单从库房中取出图书交与读者。图书馆借书系统流程图如图 2-1 所示。

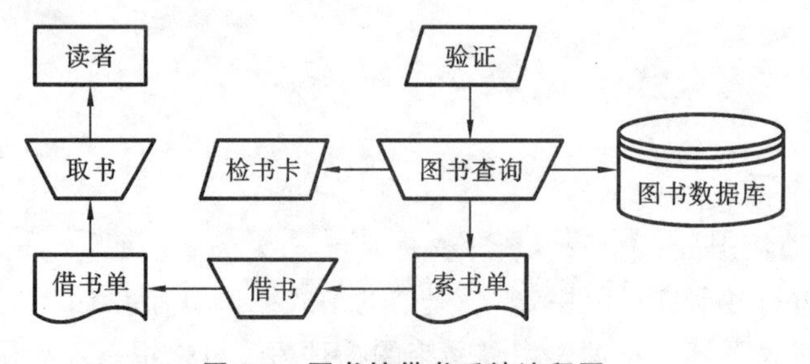

图 2-1　图书馆借书系统流程图

系统流程图描述了上述系统的概貌。图中的每个符号定义了组成系统的一个部件,图中的箭头指定了系统中信息的流动路径。

2.3.2　成本-效益分析

成本-效益分析的目的是从经济角度评价开发一个新的软件项目是否可行。成本-效益分析首先是估算将要开发的系统的开发成本,然后与可能取得的效益进行比较和权衡。效益分为有形效益和无形效益两种。有形效益可以用货币的时间价值、投资回收期、纯收入等指标进行度量;无形效益主要从性质上、心理上进行衡量,很难直接进行量的比较。系统的经济效益等于因使用新的系统而增加的收入加上使用新的系统可以节省的运行费用。运行费用包括操作人员人数、工作时间、消耗的物资等。

下面主要介绍有形效益的分析。

1. 货币的时间价值

成本估算的目的是对项目投资。经过成本估算后,得到项目开发时需要的费用,该费用就是项目的投资。项目开发后,应取得相应的效益,有多少效益才合算?这就要考虑货币的时间价值。通常用利率表示货币的时间价值。

设年利率为i,现存入P元,n年后可得收入为F,若不计复利,则

$$F=P\times(1+n\times i)$$

F就是P元在n年后的价值。反之,若n年后能收入F元,那么这些钱现在的价值是

$$P=F/(1+n\times i)$$

2. 投资回收期

通常用投资回收期衡量一个开发项目的价值。投资回收期就是使累计的经济效益等于最初的投资费用所需的时间。投资回收期越短,就越快获得利润,则该项目就越值得开发。

3. 纯收入

衡量项目价值的另一个经济指标是项目的纯收入,也就是在整个生存周期之内的累计经济效益(折合成现在值)与投资之差。这相当于投资开发一个项目与把钱存入银行中进行比较,看这两种方案的优劣。若纯收入为零,则项目的预期效益和在银行存款一样,但是开发一个项目要冒风险,因此,从经济观点看这个项目,可能是不值得投资开发的。若纯收入小于零,那么这个项目显然不值得投资开发。

2.4 软件开发计划

2.4.1 概述

在问题定义和可行性分析之后,正式进行软件开发工作之前,需要制订详细的指导软件开发的工作计划,称为软件开发计划。软件开发计划是指导软件开发工作的纲领。在软件开发计划中需要确定软件开发阶段划分、各阶段的工作任务、软件开发涉及的要素以及软件开发的进度安排等内容。软件开发计划制订的依据是问题定义报告。在问题定义中,我们需要确定软件目标、性质、范围、基本需求、环境、主要技术和基础条件以及开发的时限要求等内容。

2.4.2 软件开发计划的内容

软件规模不同、类型不同、制定人考虑的角度不同,软件开发计划的内容亦不尽相同,软件开发计划应该包括以下基本内容。

1. 软件项目总述

软件项目总述是在问题定义中已经确定的主要问题,包括软件项目的名称、项目提出的背景、软件目标、软件的性质、范围、基本需求、基本环境、基础条件和时限要求等。

2. 软件开发的总体问题

确定软件开发的诸多总体问题,主要包括软件开发的总时间要求、软件开发方式和软件开发方法等。软件开发的总时间要求是由用户根据自己对软件应用的需要提出的,但需要根据软件的规模、复杂度、软件开发的支撑条件等因素确定。软件开发的总时间要求是制订软件开

发进度计划的主要依据。软件开发方式是指软件开发的组织方式，一般可以分为由用户独立开发、用户委托开发商开发和用户与开发商合作开发等方式。软件开发方法对软件计划也有影响，不同的软件开发方法对软件开发的阶段划分以及所需要的开发时间是不相同的，软件开发方法的选取主要依据开发者的经验，以及软件的规模和类型来确定。

3. 工作任务

确定软件开发的工作阶段以及各个阶段的工作任务。因为不同的软件开发方法对工作阶段划分以及各阶段的工作任务是不相同的，所以需要明确软件开发的工作阶段、各阶段的工作任务。例如，可以把软件开发划分为策划、细化、构建和移交 4 个阶段。

软件策划阶段的工作任务有问题定义、软件规划、可行性分析和制订软件开发计划 4 项工作。软件细化和软件构建两个阶段的任务有领域分析、需求分析、系统设计、编程和调试等工作。软件移交阶段的任务有用户培训、数据转换、试运行和验收与评价等工作。

4. 资源需求

描述软件开发所需要的人力和设备环境等方面的资源需求情况。

1) 人力资源

软件开发涉及不同方面、不同层次的人员，对参与软件开发的人员进行有效的组织是软件开发计划需要确定的主要内容。软件开发需要技术人员、管理人员和工作人员。技术人员分为系统分析员、高级程序员和程序员，根据与开发工作的相关程度又可以把开发人员分为主要开发人员和辅助开发人员，其中系统分析员、高级程序员和程序员都属于主要开发人员，辅助开发人员有计算机系统人员、网络专家、数据库专家等。管理人员有项目管理部门的相关人员。系统分析员承担着软件开发的管理工作。工作人员包括操作人员、数据员、资料员、服务人员等。

在制订软件开发计划时，应该根据软件目标、范围、规模、功能、开发方式等因素，确定软件开发应该参与的各类人员数目、参与的时间区段以及所承担的工作任务。

2) 环境资源

环境资源是指软件开发所需要的开发和运行的计算机系统平台。开发环境不等同于运行环境，可能优于或低于运行环境，但是大部分系统开发环境和运行环境采用同一个系统平台。环境平台主要包括计算机系统硬件及相关设备、计算机网络以及系统和支撑软件。在软件开发计划中，应该指出软件所需要的环境资源，以及各种资源购置、安装的大致时间表。

5. 进度计划

需要制订出详细的软件开发进度计划，软件开发工作就是根据进度计划来具体实施的。

2.5 可行性分析报告

软件项目可行性分析报告内容主要包括引言、可行性研究的前提、对现有系统的分析、技术可行性分析、经济可行性分析、社会因素可行性分析、其他可供选择的方案以及结论等内容。

1. 引言

(1) 编写目的。阐明编写可行性研究报告的目的，指出读者对象。

(2) 项目背景。应包括：① 所建议开发的软件名称；② 项目的任务提出者、开发者、用户及实现单位；③ 项目与其他软件或其他系统的关系。

(3) 定义。列出文档中用到的专门术语的定义和缩略词的原文。

(4) 参考资料。列出有关资料的作者、标题、编号、发表日期、出版单位或资料来源。

2. 可行性研究的前提

(1) 要求。列出并说明建议开发软件的基本要求，如功能、性能、输出、输入、基本的数据流程和处理流程、安全与保密要求、与软件相关的其他系统、完成期限。

(2) 目标。可包括：① 人力与设备费用的节省；② 处理速度的提高；③ 控制精度和生产能力的提高；④ 管理信息服务的改进；⑤ 决策系统的改进；⑥ 人员工作效率的提高，等等。

(3) 条件、假定和限制。可包括：① 建议开发软件运行的最短寿命；② 进行系统方案选择比较的期限；③ 经费来源和使用限制；④ 法律和政策方面的限制；⑤ 硬件、软件、运行环境和开发环境的条件和限制；⑥ 可利用的信息和资源；⑦ 建议开发软件投入使用的最迟时间。

(4) 可行性研究方法。

(5) 决定可行性的主要因素。

3. 对现有系统的分析

(1) 处理流程和数据流程。

(2) 工作负荷。

(3) 费用支出。如人力、设备、空间、支持性服务、材料等项开支。

(4) 人员。列出所需人员的专业技术类别和数量。

(5) 设备。

(6) 局限性。说明现有系统存在的问题，以及为什么需要开发新的系统。

4. 技术可行性分析

(1) 对系统的简要描述。

(2) 处理流程和数据流程。

(3) 与现有系统比较的优越性。

(4) 采用建议系统可能带来的影响。包括：① 对设备的影响；② 对现有软件的影响；③ 对用户的影响；④ 对系统运行的影响；⑤ 对开发环境的影响；⑥ 对运行环境的影响；⑦ 对经费支出的影响。

(5) 技术可行性评价。包括：① 在限制条件下，功能目标是否能够达到；② 利用现有技术，功能目标能否达到；③ 对开发人员数量和质量的要求，并说明能否满足要求；④ 在规定的期限内，开发能否完成。

5. 经济可行性分析

(1) 支出。包括：① 基建投资；② 其他一次性支出；③ 经常性支出。

(2) 效益。包括：① 一次性收益；② 经常性收益；③ 不可定量收益。

(3) 收益/投资比。

(4) 投资回收周期。

(5) 敏感性分析(指一些关键性因素，如系统生存周期长短、系统工作负荷量、处理速度要求、设备和软件配置变化对支出和效益的影响等的分析)。

6. 社会因素可行性分析

(1) 法律因素。如合同责任、侵犯专利权、侵犯版权等问题的分析。

(2) 用户使用可行性。如用户单位的行政管理、工作制度、人员素质等能否满足要求。

7. 其他可供选择的方案

逐个阐明其他可供选择的方案,并重点说明未被推荐的理由。

8. 结论

结论可能是:

(1) 可着手组织开发;

(2) 需待若干条件(如资金、人力设备等)具备后才能开发;

(3) 需对开发目标进行某些修改;

(4) 不能进行或不必进行立项(如技术不成熟、经济上不合算等);

(5) 其他。

习 题 2

1. 可行性研究的任务是什么?
2. 可行性研究有哪些步骤?
3. 可行性研究报告有哪些主要内容?
4. 成本-效益分析可用哪些指标进行度量?
5. 项目开发计划有哪些内容?

第3章　软件需求分析

可行性分析是决定软件开发“做还是不做”；需求分析是决定“做什么，不做什么”。本章的软件需求分析就是软件开发对“系统必须做什么”问题的回答。

3.1　软件需求分析的任务

3.1.1　软件需求分析的概念

软件需求是在解决现实问题中，软件应该具有的功能和特性。软件需求是软件能够做到的规约，是软件开发和验收的基础和依据。软件需求可以分为功能需求、性能需求和其他需求3种类型。

功能需求是软件应该向用户提供的功能和服务。软件的功能可以细化和分解，粗功能可以逐层分解为更细的功能。软件功能需要通过软件界面展现出来，软件功能的完成需要用户和系统交互一定的信息。

性能需求是为了保证软件功能的实现和正确运行，对软件所规定的效率、可靠性、安全性等规约。性能需求包括软件的效率、可靠性、安全性、可用性、适用性等方面的内容。

除了功能需求和性能需求之外，还有其他需求，例如，软件完成的工期、软件质量等都可以归到其他需求之中。

用户是软件的直接使用者，所以软件的需求来自于用户。由于用户对计算机的作用和能力并不全面了解，用户站在自己局部和业务需要的角度提需求，加之用户的水平参差不齐，因此用户可能提出不准确或不全面的需求。这就需要分析员在用户需求的基础上进行深入分析，最后确定出合理、可行的软件需求。需求分析是调查用户对软件系统的需求，然后通过深入细致的分析，确定出合理可行的软件需求，并通过规范的形式描述需求的过程。

3.1.2　需求分析的基本任务

需求分析的最终目的就是满足用户的需要，回答软件系统必须“做什么”的问题。在可行性研究和软件计划阶段我们对这个问题进行简单的回答。下面我们分几个方面对这个问题做进一步的解答。

1. 问题识别

双方针对问题的需求包含以下几方面。

(1) 功能需求:明确所开发的软件必须具备什么样的功能。

(2) 性能需求:明确待开发的软件的技术性能指标。

(3) 环境需求:明确软件运行时所需要的软、硬件的要求。

(4) 用户界面需求:明确人机交互方式、输入/输出数据格式。

2. 分析与综合,导出软件的逻辑模型

分析人员对获取的需求,进行一致性的分析检查,在分析、综合中逐步细化软件功能,将功能再划分成各个子功能。用图文结合的形式,建立起新系统的逻辑模型。

3. 编写文档

(1) 编写"需求规格说明书",把双方共同的理解与分析结果用规范的方式描述出来,作为今后各项工作的基础。

(2) 编写初步用户使用手册,着重反映被开发软件的用户功能界面和用户使用的具体要求,用户手册能强制分析人员从用户使用的角度考虑软件。

(3) 编写确认测试计划,作为今后确认和验收的依据。

(4) 修改完善软件开发计划。在需求分析阶段对待开发的系统有了更进一步的了解,所以能更准确地估计开发成本、进度及资源要求,因此对原计划要进行适当修正。

3.2 需求分析过程

需求分析是一项软件工程活动,它包括需求获取、需求分析建模、需求规格说明、需求评审。

3.2.1 需求获取

开发人员从功能、性能、界面和运行环境等多个方面识别目标系统要解决哪些问题,要满足哪些限制条件,这个过程就是对需求的获取。需求获取是软件开发工作中最重要的环节之一,其工作质量对整个软件系统开发的成败具有决定性影响。

需求获取工作量大,所涉及的过程、人员、数据、信息非常多,因此要想获得真实、全面的需求必须要有正确的方法。常规的需求获取的方法有以下几种。

(1) 收集资料。收集资料就是将用户日常业务中所用的计划、原始凭据、单据和报表等原始资料收集起来,以便对它们进行分类研究。

(2) 召开调查会。召开调查会是一种集中征询意见的方法,适合于对系统的定性调查。

(3) 个别访谈。召开调查会有助于和与会者的见解互相补充,以便形成较为完整的印象。但是由于时间限制等其他因素,不能完全反映出每个与会者的意见,因此,往往需要在会后根据具体需要再进行个别访谈。

(4) 书面调查。根据系统特点设计调查表,用调查表向有关单位和个人征求意见和收集数据。该方法适用于比较复杂的系统。

(5) 参加业务实践。如果条件允许,亲自参加业务实践是了解现行系统的最好方法。通过实践还加深了开发人员和用户的思想交流和沟通,这将有利于下一步的系统开发工作。

(6) 收发电子邮件。通过互联网和局域网发电子邮件进行的调查,可大大节省时间、人力、物力和费用。

(7) 召开电视电话会议。如果有条件还可以利用打电话和召开电视会议进行调查,但这只能作为补充手段,因为许多资料需要亲自收集和整理。

3.2.2 需求分析建模

在获得需求后,应该对问题进行分析抽象,并在此基础上建立目标系统模型。目标系统模型的建立过程通常分4步完成。

(1) 获得当前系统的物理模型。

了解当前系统的组织机构、输入/输出、资源利用情况和日常数据处理过程,分析理解当前系统的运行过程(也即理解当前系统"怎么做"),并用一个具体的能反映现实的模型来表示。图3-1所示的为一个货物采购系统的物理模型。

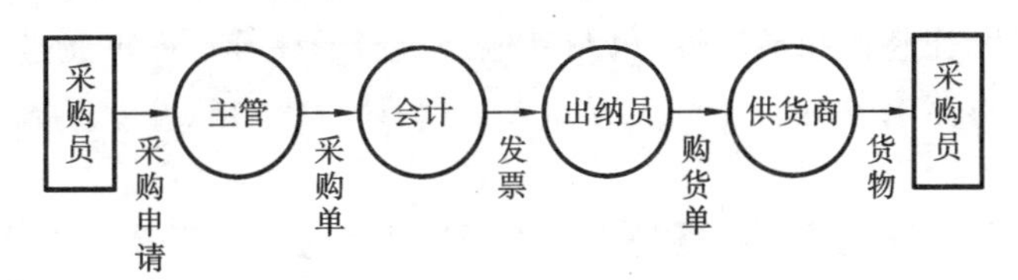

图3-1 获得当前系统的物理模型

(2) 抽象出当前系统的逻辑模型。

从上述步骤的"怎么做"抽取系统"做什么"的本质,舍弃非本质的东西,即可抽象出当前系统的逻辑模型(数据流图)。图3-1的物理模型对应的逻辑模型如图3-2所示。

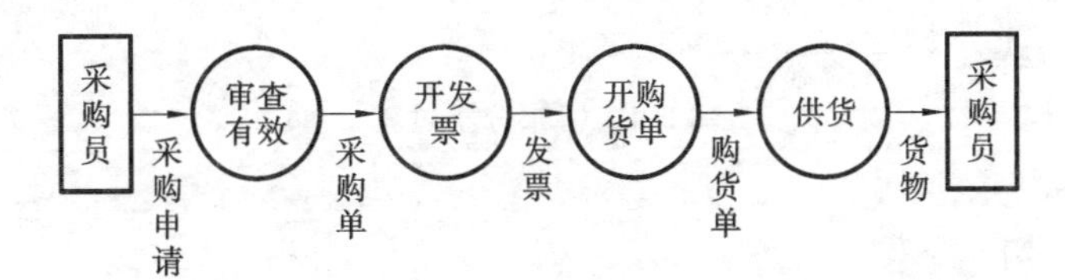

图3-2 抽象出当前系统的逻辑模型

(3) 建立目标系统的逻辑模型。

明确目标系统做什么,一般先比较目标系统和当前系统的差异,对当前系统的数据流图变化的部分做相应的调整(增加或删除部分功能,拆分或合并处理),获得目标系统的逻辑模型。货物采购系统的逻辑模型如图3-3所示。

(4) 转换为目标系统的物理模型。

根据目标系统逻辑模型建造物理模型(系统结构图),导出新的物理系统。

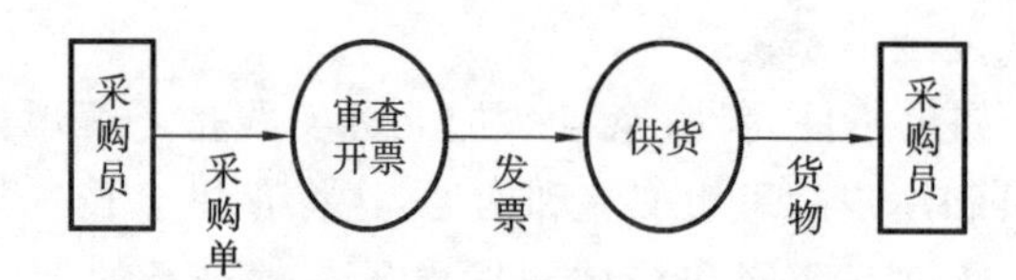

图 3-3 建立目标系统的逻辑模型

3.2.3 需求规格说明书

描述需求的文档称为软件需求规格说明书(software requirement specification,SRS),即编制的文档。软件需求规格说明书主要描述软件的需求,从开发人员的角度对目标系统的业务模型、功能模型和数据模型等内容进行描述,作为后续的软件设计和测试的重要依据。需求阶段的输出文档应该具有清晰性、无二义性和准确性,并且能够全面和确切地描述用户需求。需求规格说明书详细内容详见第 3.6 节。

3.2.4 需求评审

对功能的正确性、完整性和清晰性,以及其他需求给予评价。评审通过才可进行下一阶段的工作,否则重新进行需求分析。评审应有专人负责,评审组由软件开发成员、软件专家、领域专家和用户构成。

在需求分析过程中,以上 4 个步骤是一个不断迭代的过程。只有需求分析全面系统、准确无误,才能开发出用户满意的系统。图 3-4 描述了需求分析中迭代优化需求的过程。

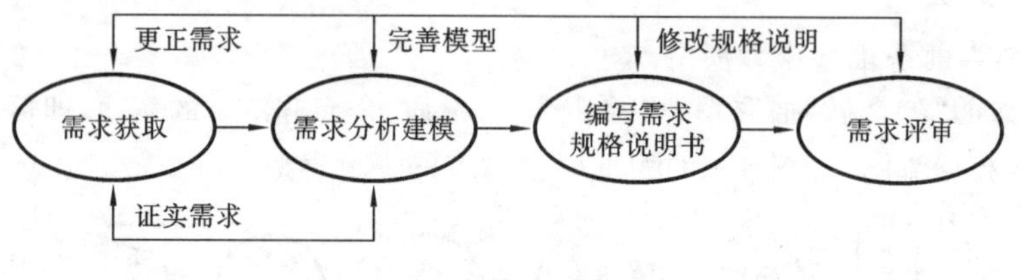

图 3-4 需求分析过程

3.3 需求分析模型

需求分析模型是准确地描述系统需求的图形化工具。它可以使人们更好地理解将要建造的系统,有助于系统分析员理解系统的信息、功能和行为,成为确定需求规格说明完整性、一致性和精确性的重要依据,奠定软件设计基础。

需求分析建模的方法有结构化分析建模和面向对象分析建模,需求分析建模如图 3-5 所示。

结构化分析导出的分析模型包括数据模型、功能模型和行为模型。其中数据模型描述系统工作前的数据来自何处,工作中的数据暂存什么地方,工作后的数据放到何处,以及这些数据之间的关联,即对系统的数据结构进行定义。功能模型描述系统能做什么,即对系统的功能、

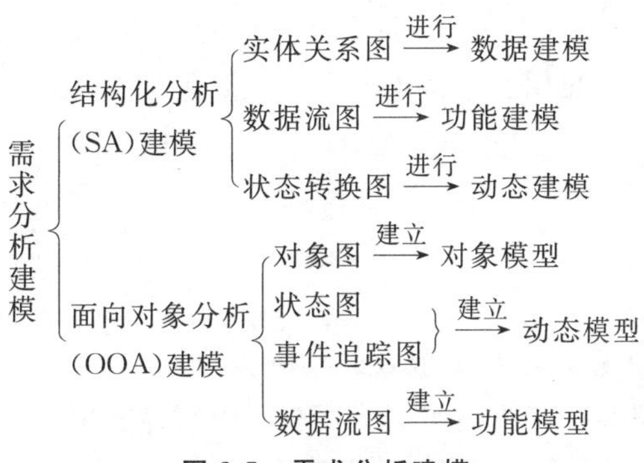

图 3-5 需求分析建模

性能、接口和界面进行定义。行为模型描述系统在何时、何地、由何角色、按什么业务规则去实施,以及实施的步骤或流程,即对系统的操作流程进行定义。

需求分析模型以"数据字典"为核心,描述了软件使用的所有数据对象,围绕这个核心的是"实体关系图""数据流图"和"状态转换图"。具体形式如图 3-6 所示。

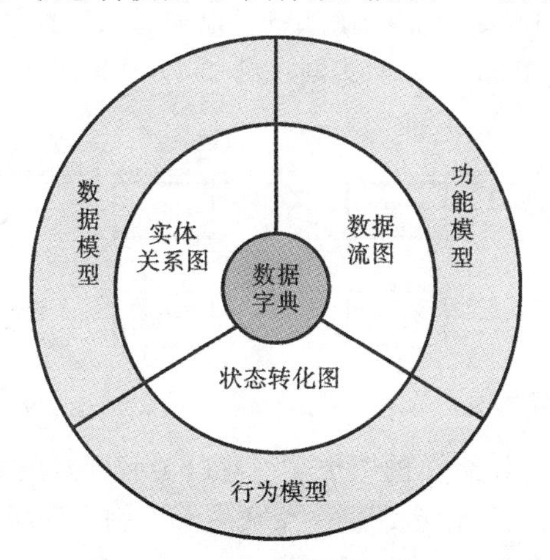

图 3-6 需求分析模型图

3.3.1 实体关系图

实体关系图(entity-relationship diagram,ER)是一种数据模型,是以实体、关系、属性三个基本概念概括数据的基本结构,从而描述静态数据结构的概念模型。图 3-7 描述了 ER 图中的基本符号。

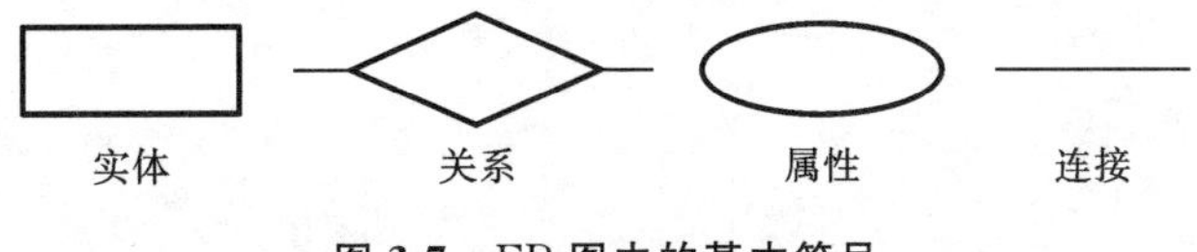

图 3-7 ER 图中的基本符号

1. ER 三种基本元素

(1) 实体:表示具有不同属性的事物,用带实体名称的矩形框表示。

(2) 属性:指实体某一方面的特征,用带属性名称的椭圆表示。

(3) 关系:表示实体之间的相互连接,用直线连接相关联的实体,并在直线上用带关系名称的菱形来表示。

2. 关联重数

关系中关联重数定义了在关联的一端可以存在的数据实体实例的数量。关联重数可以具有下列值之一。

(1) 表明在关联端存在且只存在一个数据实体实例。

(0..1):表明在关联端不存在实体实例或存在一个实体实例。

(*或 n):表明在关联端不存在实体实例,或者存在一个或多个实体实例。

两个数据对象之间按关联的重数有以下 3 种关联。

(1) 一对一(1∶1)关联:对象 A 的一个实例只能关联到对象 B 的一个实例,对象 B 的一个实例也只能关联到对象 A 的一个实例。例如,一个人对应一张身份证,一张身份证对应一个人,如图 3-8 所示。

(2) 一对多(1∶n)关联:对象 A 的一个实例可以关联到对象 B 的一个或多个实例,对象 B 的一个实例也只能关联到对象 A 的一个实例。例如,一个班级可以拥有多个学生,而一个学生只能属于某个班级,如图 3-9 所示。

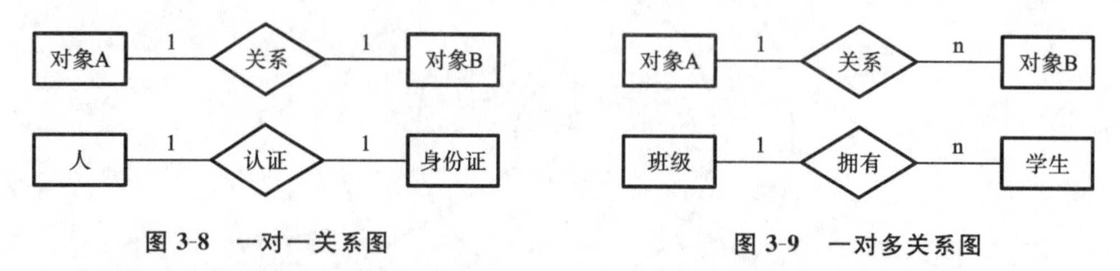

图 3-8 一对一关系图　　**图 3-9 一对多关系图**

(3) 多对多(m∶n)关联:对象 A 的一个实例可以关联到对象 B 的一个或多个实例,同时对象 B 的一个实例也可以关联到对象 A 的一个或多个实例。例如,一个学生可以学习多门课程,一门课程也可以有多个学生学习,如图 3-10 所示。

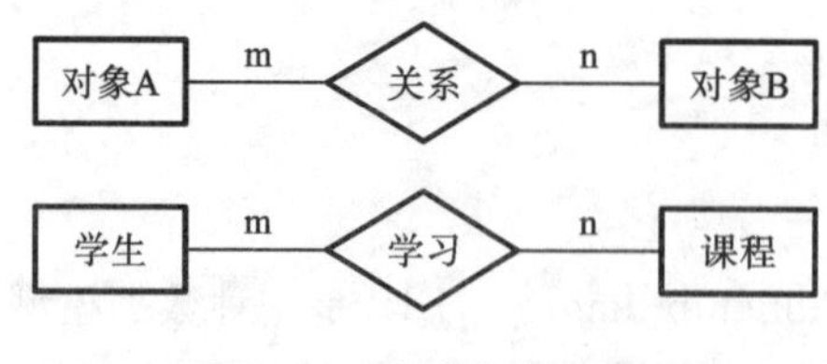

图 3-10 多对多关系图

图 3-11 所示的是教学管理系统中的一个 ER 图实例。

3.3.2 数据流图

1. 数据流图的概念

数据流图(data flow diagram,DFD),是描述数据流和数据转换的图形工具,它是进行结构化分析的基本工具,也是进行软件体系结构设计的基础。

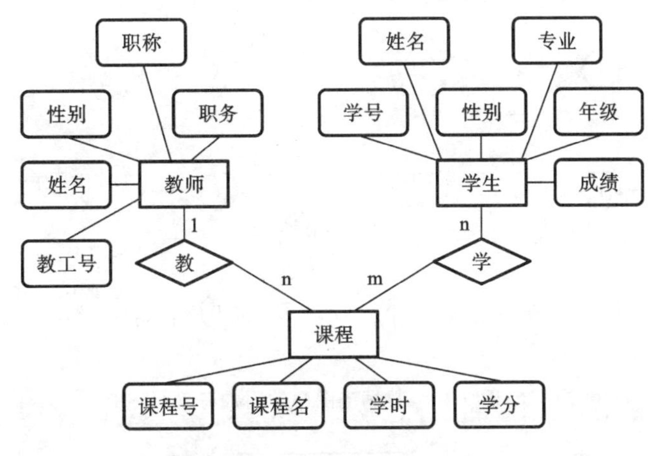

图 3-11　教学管理系统 ER 图

2. 数据流图中的要素

DFD 有 4 种元素，其基本符号如图 3-12 所示。

图 3-12　数据流图中的符号

外部实体：与系统进行交互，系统不对其进行加工和处理的实体（人或事物），用带实体名称的矩形方框表示。

加工（处理）：对数据进行的变换和处理，用带加工（处理）名称的圆圈表示。

数据流：在数据加工之间或数据存储和数据加工之间进行流动的数据，用带数据流名称的箭头表示。

数据存储：在系统中需要存储的数据（文件），用带存储文件名称的双实线表示。

例如，工资计算系统的顶层（0 层）数据流图如图 3-13 所示。

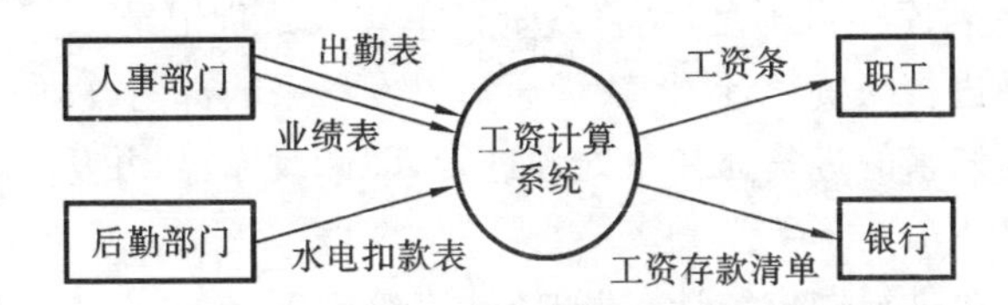

图 3-13　工资计算系统的顶层（0 层）数据流图

在数据流图中有时也使用附加符号 *、+、⊕，分别表示与、或、互斥关系，如图 3-14 所示。

3. 分层数据流图

数据流图可分为不同层次，顶层（0 层）DFD 称为基本系统模型，可以将整个软件系统表示为一个具有输入/输出的黑匣子，其加工处理是软件项目的名称，用一个圆圈表示。

DFD 中的每一个加工可以进一步扩展成一个独立的数据流图，以揭示系统中加工的细节。这种循序渐进的细化过程可以继续进行，直到最底层的 DFD 仅描述加工的原子过程为止。每一层数据流图必须与其上一层数据流图的输入/输出保持平衡和一致，如图 3-15 所示。

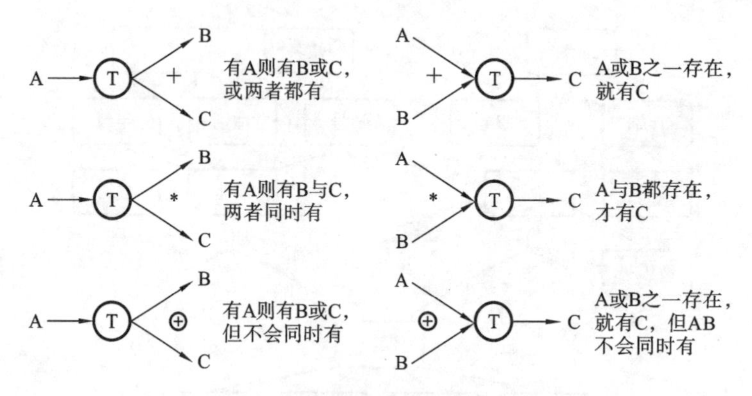

图 3-14　数据流图中的附加符号

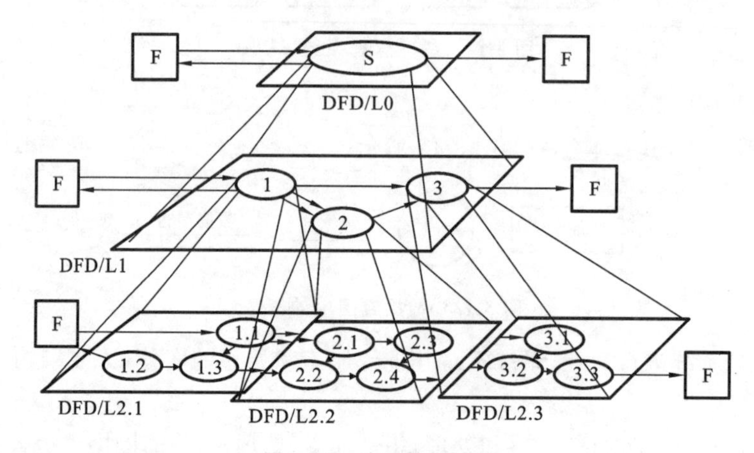

图 3-15　分层数据流图

4. 实例——销售管理系统

某企业销售管理系统的功能如下。

(1) 接受顾客的订单，检验订单，若库存有货，则进行供货处理，即修改库存，给仓库开备货单，并且将订单留底；若库存量不足，则将缺货订单登入缺货记录。

(2) 根据缺货记录进行缺货统计，将缺货通知单发给采购部门，以便采购。

(3) 根据采购部门发来的进货通知单处理进货，即修改库存，并从缺货记录中取出缺货订单进行供货处理。

(4) 根据留底的订单进行销售统计，打印统计表给经理。

根据上述的功能描述，画出的 DFD 如图 3-16 所示。

5. 绘制 DFD 应注意的问题

在绘制 DFD 的时候，应特别注意以下几个方面的问题。

(1) 给数据流命名的方法：

① 数据流名称由名词或名词词组组成；

② 命名时，尽量使用现实系统中已有的名字；

③ 避免使用空洞的名词，如“数据”“信息”等。

④ 如果在为某个数据流(或数据存储)命名时遇到了困难，则很可能是因为对数据流图分

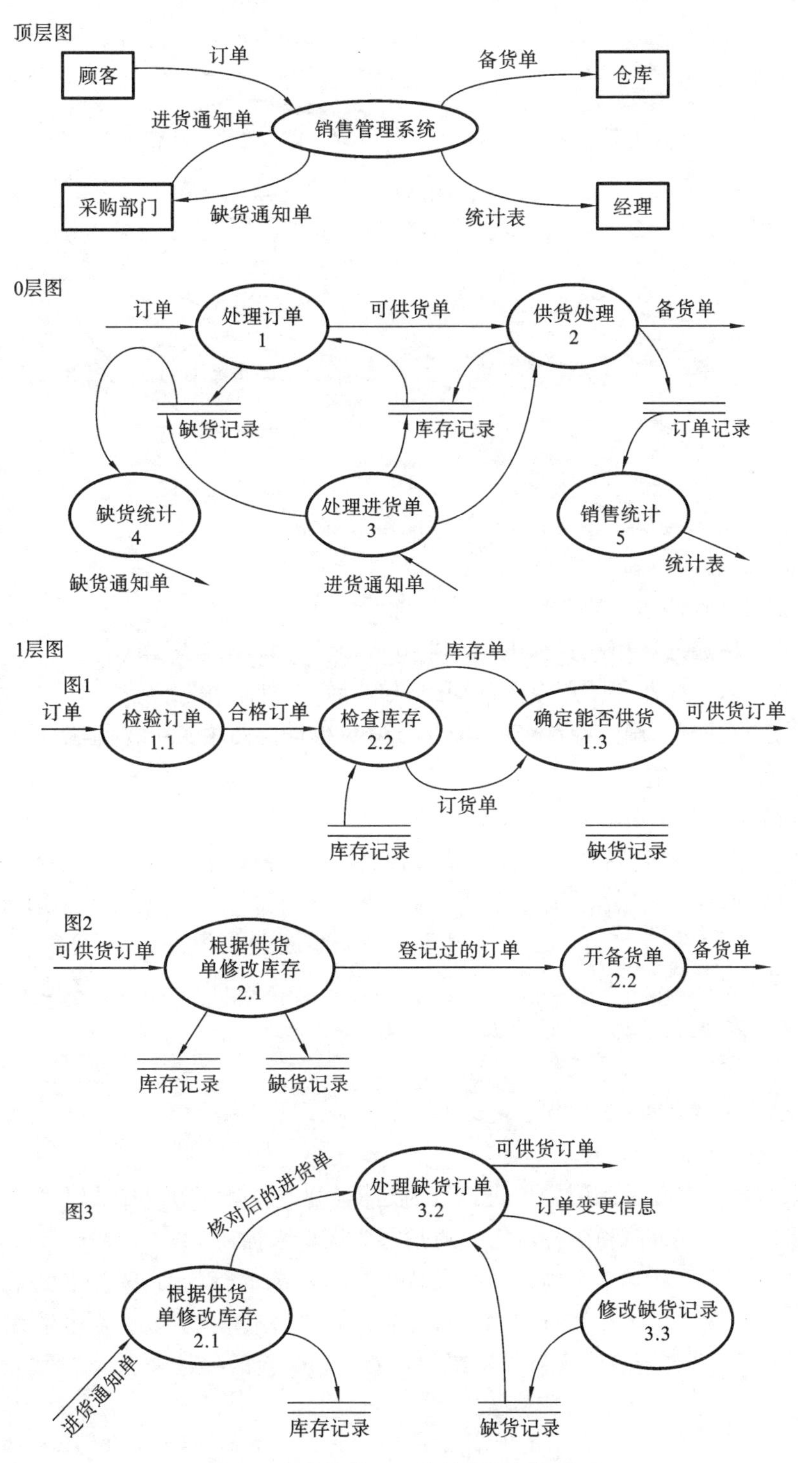

图 3-16　销售管理系统的分层数据流图

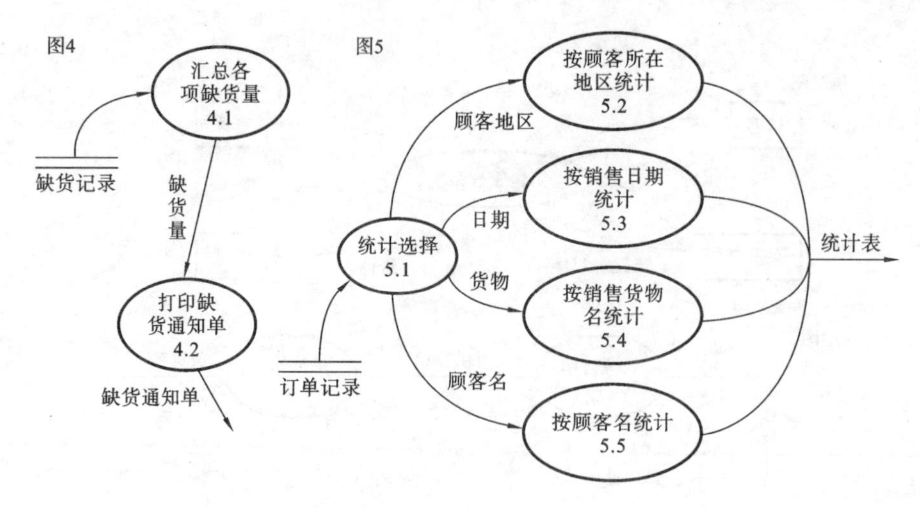

续图 3-16

解不恰当造成的,应该尝试重新分解,看是否能解决这个问题。

(2) 给加工命名的原则:

① 顶层加工是软件项目的名称;

② 加工的名称最好使用动宾词组,如"生成成绩单""打印报表"等。

③ 加工的命名同样避免使用空洞的词组,如"计算""处理"等。

(3) 不要把数据流图画成控制流图,应尽量避免数据流图中夹带控制流,以免与详细设计阶段的程序流程图相混淆。

(4) 应保持子图与父图输入/输出流的平衡。

(5) 提高数据流图的清晰度。应做到分解自然,概念合理、清晰,在不影响易理解性的基础上适当地多分解,以减少数据流图的层数。分解时要注意子加工的独立性,还应注意均衡性。

(6) 反复修改,不断完善。人的思考过程是一个不断迭代的过程,不可能一次成功,需要不断完善,直到满意为止。对于复杂的系统,很难保证一次就能将数据流图绘制成功。因此,应随时准备改进数据流图并用更好的版本来代替。

3.3.3 状态转换图

当软件系统涉及时序关系时需要进行行为建模,由于数据流图不描述时序关系,系统的控制和事件流需要通过行为模型来描述。

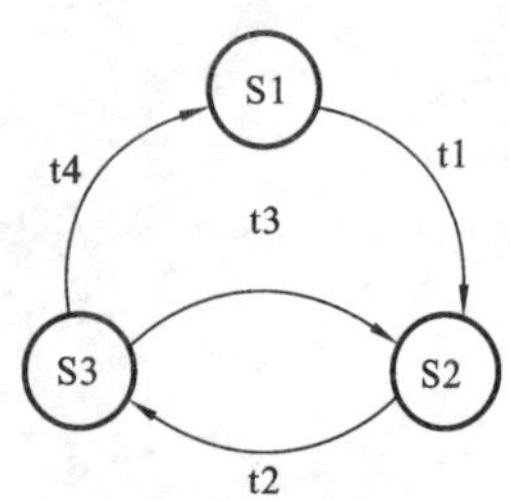

图 3-17 状态转换图

在描述系统或各个数据对象的行为时,采用状态转换图(status transition diagram,STD)。状态转换图通过描述系统或对象的状态,以及引起系统或对象状态转换的事件来表示系统或对象的行为,如图 3-17 所示。

状态是任何可以被观察到的系统行为模式,一个状态代表系统的一种行为模式。状态规定了系统对事件的响应方式。在状态图中定义的状态主要有初始状态、中间状态和最终状态。

事件是在某个特定时刻发生的事情，它是对引起系统从一个状态转换到另一个状态的外界事件的抽象。

在状态转换图中，圆圈"○"或椭圆"⬭"表示可得到的系统状态，箭头"→"表示从一种状态向另一种状态的转移。箭头旁标上事件名。

例如，电话系统的状态转换图如图 3-18 所示。

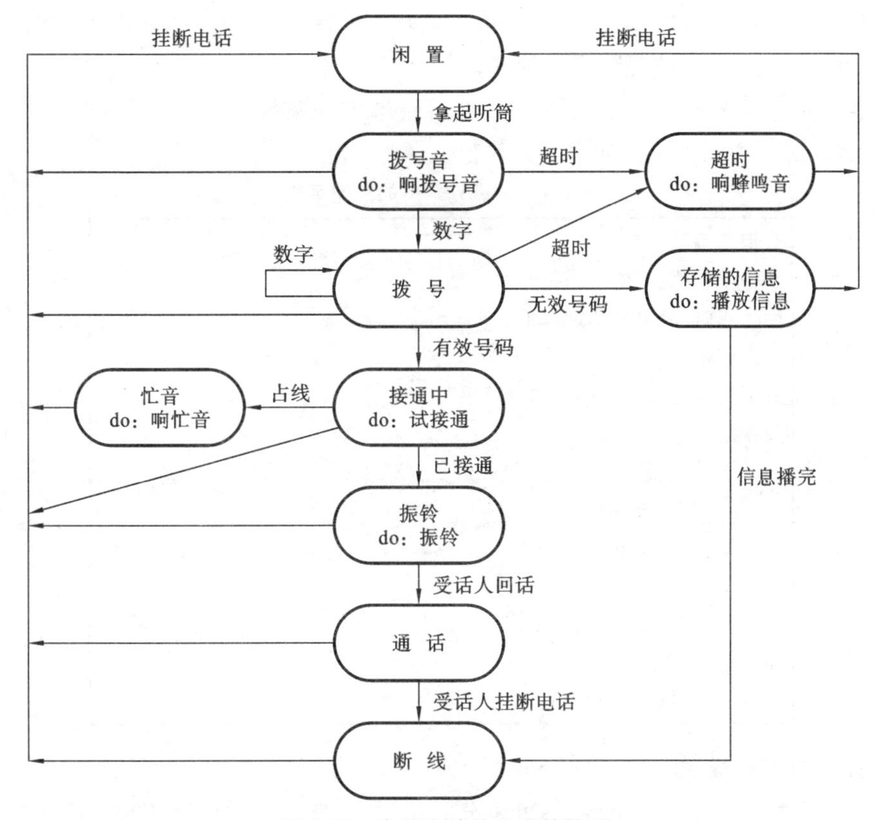

图 3-18　电话系统的状态转换图

3.4　数据字典

数据字典（data dictionary，DD）用来描述数据流图中的数据存储、数据加工和数据流。数据词典与数据流图配合，能够准确、清晰地表达数据处理的要求。

3.4.1　词条描述

对于在数据流图中每一个被命名的图形元素均加以定义，其内容有名称、别名或编号、分类、描述、定义、位置及其他。

在数据字典中，数据元素的定义可以是基本元素及其组合，数据进行自顶向下地分解，直到不需要进一步解释且参与人员都清楚其含义为止。

1. 数据流词条描述

数据流词条描述是对 DFD 中的数据流做进一步描述,通常包含以下几个部分。

(1) 数据流名称及编号:数据流在 DFD 中的名称和唯一编号。

(2) 简述:简要介绍数据流产生的原因和结果。

(3) 数据流来源:指明数据流来自 DFD 中的哪个实体、加工或者数据存储。

(4) 数据流去向:指明数据流去往 DFD 中的哪个实体、加工或者数据存储。

(5) 数据流组成:数据流包含的数据元素。

除上述 5 种基本描述外,还可以根据情况自行增加词条描述项。表 3-1 是航班订票单的数据流实例,该实例中增加了流通量和高峰值流通量描述。

表 3-1　航班订票单的数据定义

数据流编号:DF001 数据流名称:订票单 简述:订票时填写的订票单 数据流来源:外部实体“乘客” 数据流去向:处理逻辑“预订机票” 数据流组成:订单编号 日期 乘客号 航班号 状态 订单失效日期 流通量:每天 300 份 高峰值流通量:每天早上 9:00,约 160 份

2. 数据元素词条描述

数据元素是数据处理中最小的、不可再分的单位,它直接反映事物的某一特征。数据元素主要有以下几项内容:

(1) 数据元素名称及编号;

(2) 类型:数字(离散值、连续值)、文字(编码类型);

(3) 长度;

(4) 取值范围;

(5) 相关的数据元素及数据结构。

表 3-2 所示的是考试成绩的数据元素定义实例。

3. 数据文件词条描述

数据文件是数据结构保存的地方。一个数据文件词条主要有以下几项内容:

(1) 数据文件名称及编号;

(2) 简述:存放的是什么数据;

(3) 输入数据;

(4) 输出数据;

表 3-2 考试成绩的数据元素定义

数据元素编号:DC001
数据元素名称:考试成绩
别名:成绩、分数
简述:学生考试成绩,分五个等级
类型/长度:字符类型,2 个字节
取值范围:优 (90～100)
良 (80～89)
中 (70～79)
及格 (60～69)
不及格 (0～59)
相关数据项或数据结构:学生成绩档案
相关处理逻辑:计算成绩

(5) 数据文件组成、数据结构;

(6) 存储方式:顺序、直接、关键码;

(7) 存取频率。

表 3-3 所示的是图书库存的数据文件定义实例。

表 3-3 图书库存的数据文件定义

数据文件编号:DB002
数据文件名称:图书库存
数据文件组成:图书编号＋图书详情＋目前库存量
存储方式:按图书编号从小到大排列

4. 加工逻辑(数据处理)词条描述

加工逻辑词条描述是对 DFD 中的加工做进一步描述,通常包含以下几个部分:

(1) 加工名称;

(2) 加工编号:反映该加工的层次;

(3) 简述:加工逻辑及功能简述;

(4) 输入数据流;

(5) 输出数据流;

(6) 加工逻辑:简述加工程序、加工顺序。

表 3-4 所示的是编辑订票的数据处理定义实例。

5. 外部实体词条描述

外部实体词条描述是对 DFD 中的外部实体做进一步描述,通常包含以下几个部分:

(1) 外部实体名称及编号;

表 3-4 编辑订票的数据处理定义

数据处理编号:DP001 数据处理名称:编辑订票 简述:接收从终端录入的订票单,检验是否正确 输入数据流:乘客订单,来源:外部实体“乘客” 输出数据流:1. 合格订单,去处:处理逻辑“确定订票” 2. 不合格订单,去处:外部实体“乘客” 功能描述:(略)

(2) 简述;

(3) 有关数据流;

(4) 数目。

表 3-5 所示的是外部实体定义实例。

表 3-5 教师的数据定义

编号:DT001 名称:教师 简述:向教师图书室提供图书的教师 从外部输入:报销申请 向外部输出:入库证明

3.4.2 数据字典中的符号

数据字典中的符号如表 3-6 所示。

表 3-6 数据字典中的符号

符号	含义	说明
=	表示定义为	用于对符号=左边的条目进行确切的定义
+	表示与关系	X=a+b 表示 X 由 a 和 b 共同构成
[|] [,]	表示或关系	X=[a|b]与 X=[a,b]等价,表示 X 由 a 或 b 组成
()	表示可选项	X=(a)表示在 X 中可以出现 a,也可以不出现
{ }	表示重复	大括号中的内容重复 0 到多次
m{ }n	表示规定次数的重复	重复的次数最少 m 次,最多 n 次
“ ”	表示基本数据元素	“ ”中的内容是基本数据元素,不可再分
..	连接符	month=1..12 表示 month 可取 1~12 中的任意数
* *	表示注释	两个星号之间的内容为注释信息

图 3-19 所示的存折的数据字典描述如下：

存折＝户名＋所号＋账号＋开户日＋性质＋(印密)＋1{存取行}50

户名＝2{字母}24

所号＝“001”..“999”

账号＝“00000001”..“99999999”

开户日＝年＋月＋日

性质＝“1”..“6”　(注：“1”表示普通户，“5”表示工资户等)

印密＝“0”　(注：印密在存折上不显示)

存取行＝日期＋(摘要)＋支出＋存入＋余额＋操作＋复核

户名　　所号　　账号

开户日　　性质　　印密

日期 年月日	摘要	支出	存入	余额	操作	复核

图 3-19　存折样式

3.5　需求规格说明书

需求规格说明书，是系统分析人员在需求分析阶段完成的文档，是软件需求分析的最终结果。它的作用主要是：作为软件人员与用户之间事实上的技术合同；作为软件人员下一步进行设计和编程的基础；作为测试和验收的依据。

SRS 必须用统一格式的文档进行描述。为了使需求分析描述具有统一的风格，可以采用已有的且能满足项目需要的模板，如中国国家标准推荐的 SRS 模板，也可以根据项目特点和软件开发小组的特点对标准进行适当的改动，形成自己的模板。

需求规格说明书主要内容包括引言、任务概述、需求规定、运行环境规定、附录等几部分。

1. 引言

编写目的：阐明编写需求规格说明书的目的，指出预期的读者。

项目范围：待开发的项目名称及项目的开发目的；与项目应用相关的利益人及最终目标；项目的委托方、开发单位和主管部门；该软件系统与其他系统的关系。

定义：列出文档中所用到专门术语的定义和缩写词的原义。

参考资料：包括项目经核准的计划任务书、合同或上级机关的批文；项目开发计划；文档所引用的资料、标准和规范。列出这些资料的作者、编号、发表日期、出自单位或资料来源。

2. 任务概述

产品概述：描述开发意图、应用目标、作用范围、应向读者说明的有关该项目的开发背景。

用户特点：列出本软件最终用户的特点，说明操作人员、维护人员的教育水平和技术水平。

条件与限制：设计系统时针对开发者的条件与限制。

3. 需求规定

对功能的规定：包括内部及外部功能的规定。

对性能的规定：包括对精度、时间要求、灵活性、适应性等的规定。

对输入/输出的规定：包括所有输入/输出数据、引用接口及接口控制文件、操作员控制的详细描述。

数据管理的规定：包括静态数据、动态数据、数据库、数据字典、数据采集的详细描述。

其他专门要求：如安全保密性、可使用性、可维护性、可移植性等。

4. 运行环境规定

用户界面：如屏幕格式、报表格式、菜单格式、输入/输出时间等。

设备：对系统硬件要求的描述。

软件接口：包括外部(软硬件)接口、内部(模块之间)接口和用户界面的描述。

故障处理。

习　题　3

一、填空题

1. 需求分析阶段，分析人员要确定对问题的综合需求，其中最主要的是______需求。

2. 结构化分析的基本思想是采用______的方法，能有效地控制系统开发的复杂性。

3. 当数据流图中某个加工的一组动作存在着多个复杂组合的判断时，其加工逻辑使用______描述较好。

4. 为了较完整地描述用户对系统的需求，DFD应与数据库中的______图结合起来。

二、应用题

1. 什么是需求分析？该阶段的基本任务是什么？

2. 某考务中心准备开发一个成人自学考试考务管理系统(简称EMS)，该系统有如下功能：

(1) 对考生填写的报名单进行审查，对合格的新生，编好准考证发给考生，汇总后的报名单送给阅卷站；

(2) 给合格的考生制作考生通知单，将考试科目、时间、地点安排告诉考生；

(3) 对阅卷站送来的成绩进行登记，按当年标准审查单科合格者，并发成绩单，对所考专业各科成绩全部合格者发放大专毕业证书。

(4) 对成绩进行分类(按地区、年龄、职业、专业、科目等分类)并产生相应统计表；

(5) 查阅——考生可按准考证号随时查询自己的各科成绩。

请根据以上文字叙述画出成人自学考试考务管理系统的分层DFD。

3. 假设某航空公司规定，乘客可以免费托运行李的重量不超过30 kg。当行李的重量超过30 kg时，对一般舱的国内乘客超出部分每千克收费4元，对头等舱的国内乘客超出部分每千克收费6元。对国外乘客超出部分每千克收费比国内乘客多一倍，对残疾乘客超出部分每千克收费比正常乘客少一半。试画出相应判定表。

第4章　软件概要设计

在软件需求分析阶段，已经搞清楚了软件“做什么”的问题，并把这些需求通过需求规格说明书描述出来，这也是目标系统的逻辑模型。进入了设计阶段，要把软件“做什么”的逻辑模型变换为“怎么做”的物理模型，即着手实现软件的需求，并将设计的结果反映在“设计规格说明书”文档中，所以软件设计是一个把软件需求转换为软件表示的过程，最初这种表示只是描述了软件的总的体系结构，称为软件概要设计或结构设计。

4.1　软件设计过程

软件设计是后续开发及软件维护工作的基础，没有设计的软件系统是一个不稳定的系统。如图4-1所示，对于一个软件系统，如果不进行设计而构造一个系统，可以肯定这个系统是不稳定的。

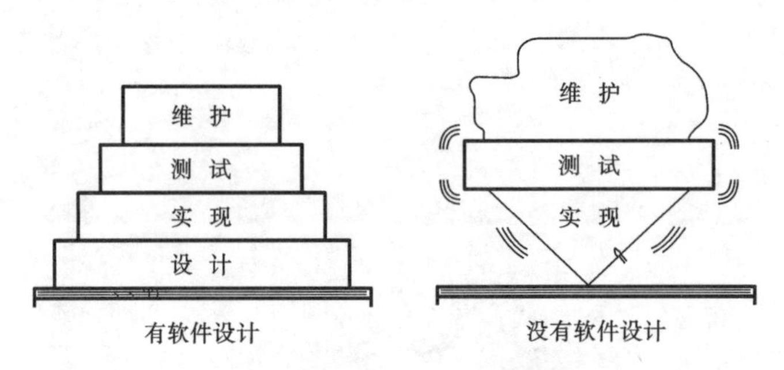

图4-1　有无软件设计对比图

从工程管理的角度来看，软件设计分两步完成，即概要设计和详细设计。概要设计将软件需求转化为数据结构和软件的系统结构。详细设计，即过程设计，通过对系统结构进行细化，得到软件的详细数据结构和算法。图4-2描述了设计技术与管理之间的关系。

从技术角度来看，软件设计包括数据设计、体系结构设计、接口设计、过程设计。

（1）数据设计将实体关系图中描述的对象和关系，以及数据字典中描述的详细数据内容转化为数据结构的定义。

（2）体系结构设计将系统划分为软件模块，并描述了模块之间的关系。

（3）接口设计是根据数据流图定义软件内部各成分之间、软件与其他协同系统之间及软件与用户之间的交互机制。

（4）过程设计则是把结构成分（模块）转换成软件的过程性描述（即详细设计）。

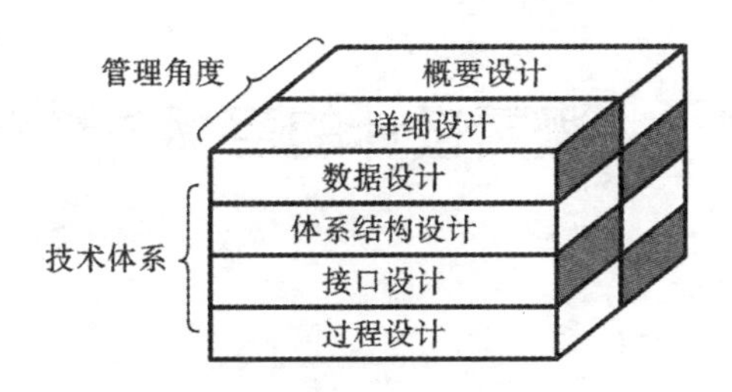

图 4-2　设计技术与管理之间的关系

软件设计必须依据对软件的需求来进行，结构化分析的结果为结构化设计提供了最基本的输入信息，结构化设计与结构化分析的关系如图 4-3 所示，图的左边是用结构化分析方法所建立的分析模型，右边是用结构设计方法建立的设计模型。

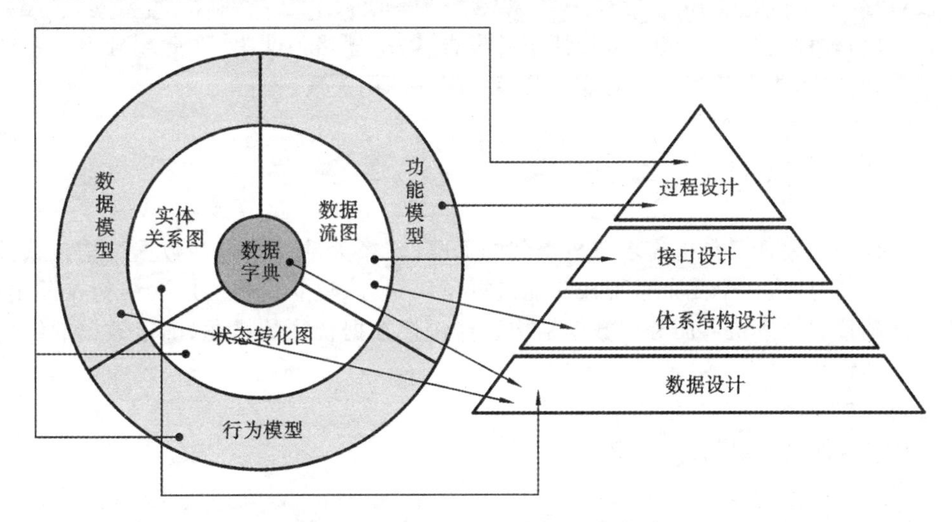

图 4-3　结构化设计与结构化分析的关系

此外，在设计目标系统时，软件设计人员还要充分认识和分析目标系统的运行环境，以便在设计时考虑运行的约束条件及系统接口，如图 4-4 所示。

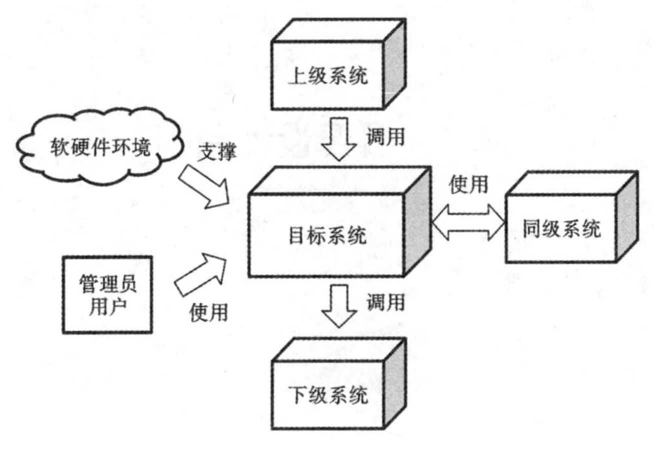

图 4-4　目标系统的运行环境

4.2　概要设计的目标与任务

4.2.1　概要设计的目标

概要设计又称为总体设计，它的基本目的就是回答“概括地说系统应该如何实现”。

概要设计的目标，就是为系统制定总的蓝图，权衡各种技术和实施方法的利弊，合理利用各种资源，精心规划出系统总的设计方案。这是一个将软件系统需求转换为目标系统体系结构的过渡过程。

在该阶段，软件设计人员审查可行性研究报告、需求规格说明书，在此基础上将系统划分为层次结构和模块，决定各模块的功能以及模块间的调用关系。

4.2.2　概要设计的任务

概要设计的主要任务是把需求分析得到的 DFD 转换为软件结构和数据结构。软件结构设计的具体任务是：将一个复杂系统按功能进行模块划分、建立模块的层次结构及调用关系、确定模块间的接口及人机界面等。数据结构设计包括数据特征的描述、确定数据的结构特性以及数据库的设计。

概要设计的具体任务包括：

(1) 制定软件设计规范；

(2) 软件体系结构设计；

(3) 处理方式设计；

(4) 数据结构设计；

(5) 可靠性设计；

(6) 编写概要设计说明书；

(7) 概要设计评审。

4.3　概要设计原则

概要设计要遵循的原则有：模块化；抽象；自顶向下，逐步细化；信息隐蔽；模块独立性。其中，模块独立性是最核心的原则。

4.3.1　模块化

1. 软件系统模块化

一个软件系统可按功能不同划分成若干功能模块。软件系统的层次结构正是模块化的具体体现。软件系统模块化是指把一个大而复杂的软件系统划分成易于理解的比较单纯的模块结构，这些模块可以被组装起来以满足整个问题的需求，如图 4-5 所示。

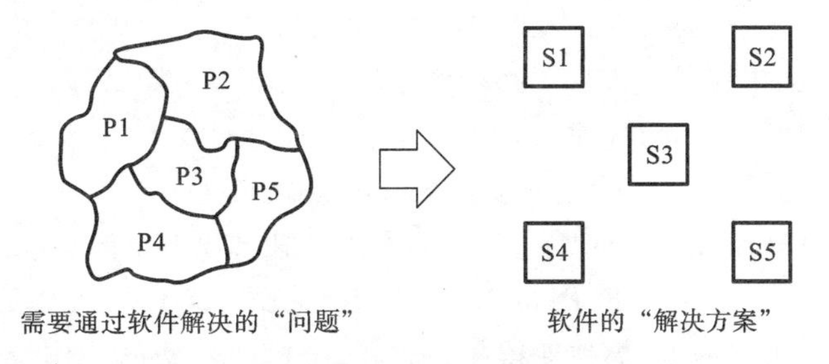

图 4-5　软件系统模块化

模块是组成目标系统逻辑模型和物理模型的基本单位，它的特点是可以组合、分解和更换。系统中任何一个处理功能都可以看成是一个模块。

根据模块功能具体化程度的不同，模块可以分为逻辑模块和物理模块。在系统逻辑模型中定义的处理功能可视为逻辑模块，物理模块是逻辑模块的具体化，可以是一个计算机程序、子程序或若干条程序语句，也可以是人工过程的某项具体工作。

2. 模块具备的要素

一个模块应具备以下 4 个要素。

(1) 输入和输出：模块的输入来源和输出去向都是同一个调用者，即一个模块从调用者那里取得输入，进行加工后再把输出返回调用者。

(2) 处理功能：指模块把输入转换成输出所做的工作。

(3) 内部数据：指仅供该模块本身引用的数据。

(4) 程序代码：指用来实现模块功能的程序。

前两个要素是模块的外部特性，即反映了模块的外貌；后两个要素是模块的内部特性。在结构化设计中，主要考虑的是模块的外部特性，其内部特性只做必要了解，具体的实现将在系统实施阶段完成。

3. 模块设计标准

良好的模块设计标准如下。

(1) 模块可分解性：可将系统按问题/子问题分解的原则分解成系统的模块层次结构。

(2) 模块可组装性：可利用已有的设计构件组装成新系统，不必一切从头开始。

(3) 模块可理解性：一个模块可不参考其他模块而被理解。

(4) 模块连续性：对软件需求的一些微小变更只导致对某个模块的修改而整个系统不用大动。

(5) 模块保护：将模块内出现异常情况的影响范围限制在模块内部。

4. 问题复杂性、开发工作量和模块数之间的关系

一般情况下，解决由多个问题复合而成的大问题的难度往往大于单独解决各个问题加起来的难度，下面给出该结论的简单论证过程。

设 C(x)为问题 x 所对应的复杂度函数，E(x)为解决问题 x 所需要的工作量函数。对于两个问题 P1 和 P2，如果

$$C(P1)>C(P2)$$

即问题 P1 的复杂度比问题 P2 的高，则显然有：

$$E(P1)>E(P2)$$

即解决问题 P1 所需的工作量比问题 P2 的大。

根据解决一般问题的经验，规律为：

$$C(P1+P2)>C(P1)+C(P2)$$

即解决由多个问题复合而成的大问题的复杂度大于单独解决各个问题的复杂度之和，则

$$E(P1+P2)>E(P1)+E(P2)$$

如果模块是相互独立的，当模块变得越小时，每个模块花费的工作量越少；但当模块数增加时，模块间的联系也随之增加，把这些模块联结起来的工作量（接口成本）也随之增加。因此，存在一个模块个数 M，它使得总的开发成本达到最小，如图 4-6 所示。

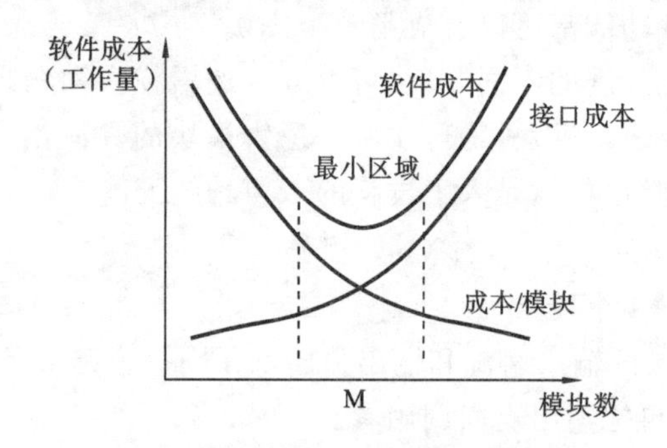

图 4-6　模块数与软件成本的关系

实践证明，一般人们能够同时考虑的问题个数为 7±2，因此，一个软件项目划分 5～9 个模块较好。

5. 模块分割方法

横向分割是根据输入、处理、输出等功能的不同来分割模块的。

纵向分割是根据系统对信息处理过程中不同的阶段来分割模块。

4.3.2　抽象

在软件工程过程中，从系统定义到实现，每进展一步都可以看作是对软件解决方案的抽象化过程的一次细化。

软件设计从概要设计到详细设计的过程中，随着抽象化的层次逐次降低，当产生源程序代码时到达最低的抽象层次。

4.3.3　自顶向下，逐步细化

将软件的体系结构按自顶向下方式，对各个层次的过程细节和数据细节逐层细化，直到用程序设计语言的语句能够实现为止，从而最后确立整个软件的体系结构，如图 4-7 所示。

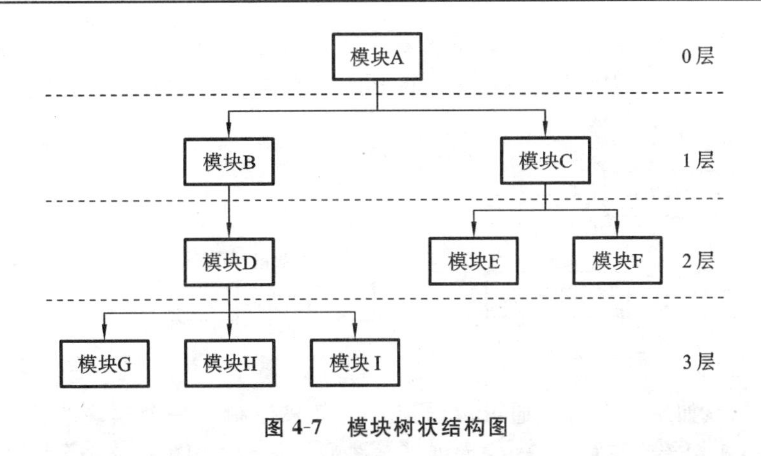

图 4-7　模块树状结构图

4.3.4　信息隐蔽

信息隐蔽是指一个模块的实现细节对于其他模块来说是隐蔽的。也就是说，模块中所包含的信息（包括数据和过程）不允许其他不需要这些信息的模块使用。

通过信息隐蔽，可定义和实施对模块的过程细节和局部数据结构的存取限制，如定义公共变量和私有变量。

4.3.5　模块独立性

模块独立性是指软件系统中每个模块只涉及软件要求的具体的子功能，而和软件系统中其他模块的接口是易于实现的。

度量模块独立性有两个准则，即模块耦合和模块内聚。

耦合：耦合是模块间互相联系的紧密程度的度量，它取决于各个模块之间接口的复杂程度，一般由模块之间的调用方式、传递信息的类型和数量来决定。模块耦合性与独立性的关系如图 4-8 所示。

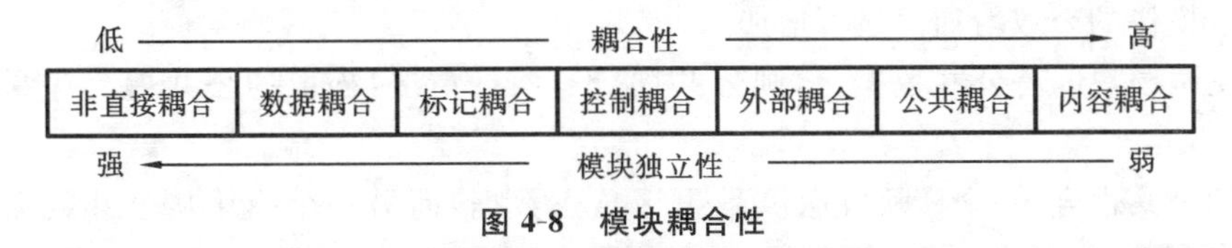

图 4-8　模块耦合性

内聚：内聚是一个模块内部各个元素彼此结合的紧密程度的度量。若一个模块内各元素（语名之间、程序段之间）联系得越紧密，则它的内聚性就越高。

1. 模块耦合

(1) 非直接耦合：也称为偶然耦合，是指两个模块之间没有直接关系，它们之间的联系完全是通过主模块的控制和调用来实现的。非直接耦合的模块独立性最强，如图 4-9 所示。

(2) 数据耦合：一个模块访问另一个模块时，彼此之间通过参数交换信息，且局限于数据信息（非控制信息）。一个好的软件系统，都需要进行各种数据的传输，某些模块的输出数据作为另一模块的输入数据，如图 4-10 所示。

(3) 标记耦合：一组模块通过参数表传送记录信息，这组模块共享了该记录，就是标记耦合。传送的记录是某一数据结构的子结构，而不是简单变量。在软件设计时应尽量避免这种耦合，如图 4-11 所示。

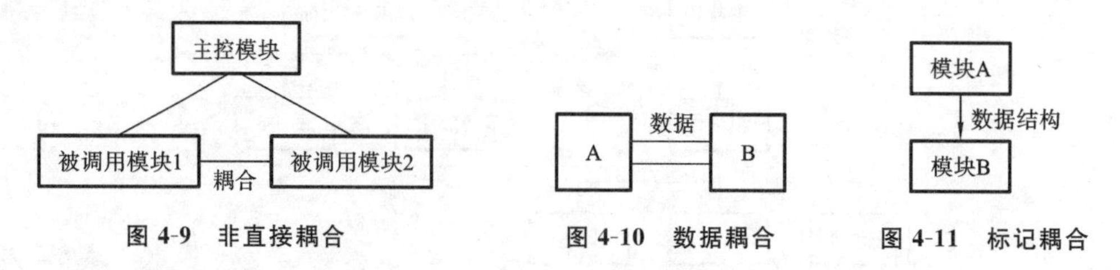

图 4-9　非直接耦合　　图 4-10　数据耦合　　图 4-11　标记耦合

(4) 控制耦合：如果一个模块通过传送控制信息来控制另一个模块的功能，就是控制耦合。控制耦合属于中等程度的耦合，它增加了系统的复杂性，如图 4-12 所示。

(5) 外部耦合：一组模块都访问同一全局简单变量而不是同一全局数据结构，而且不是通过参数表传送该全局变量的信息，则称之为外部耦合，如图 4-13 所示。

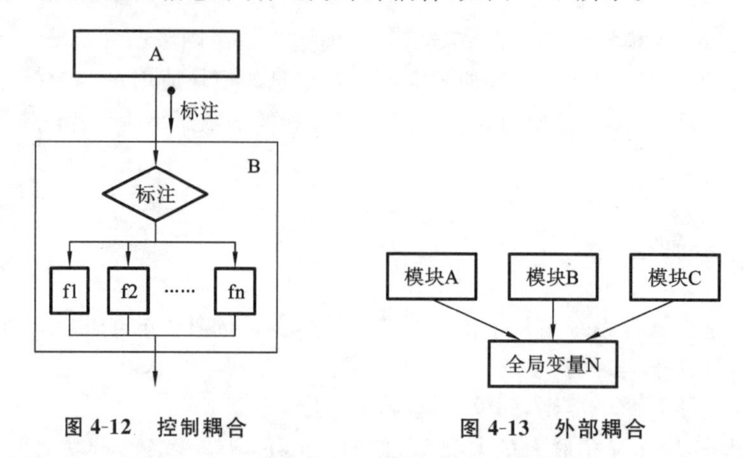

图 4-12　控制耦合　　图 4-13　外部耦合

(6) 公共耦合：若一组模块都访问同一个公共数据区，则它们之间的耦合就称为公共耦合。公共数据区可以是全局数据结构、共享的通信区、内存的公共覆盖区等。公共耦合的复杂程度随耦合模块的个数增加而显著增加。

若只是两模块间有公共数据区，则公共耦合有两种情况：松散的公共耦合和紧密的公共耦合。

松散的公共耦合：一个模块往公共数据区传送数据，而另一个模块从公共数据区接收数据，如图 4-14 所示。

紧密的公共耦合：两个模块既往公共数据区传送数据，又从公共数据区接收数据，如图 4-15所示。

图 4-14　松散的公共耦合　　图 4-15　紧密的公共耦合

(7) 内容耦合:如果发生下列情形之一,则两个模块之间就发生了内容耦合:一个模块直接访问另一个模块的内部数据,如图 4-16(a)所示;一个模块不通过正常入口转到另一个模块内部,如图 4-16(b)所示;两个模块有一部分程序代码重叠,如图 4-16(c)所示;一个模块有多个入口模块,如图 4-16(d)所示。

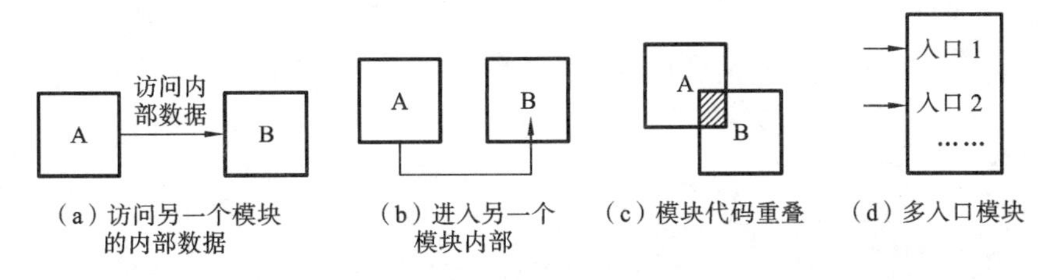

图 4-16　内容耦合

软件设计应追求尽可能松散耦合,避免强耦合,这样模块间的联系就越小,模块的独立性就越强,对模块的测试、维护就越容易。

因此,建议尽量使用数据耦合,少用控制耦合,限制公共耦合,完全不用内容偶合。

2. 模块内聚

模块内聚分为 7 级,模块内聚性与独立性之间的关系如图 4-17 所示。

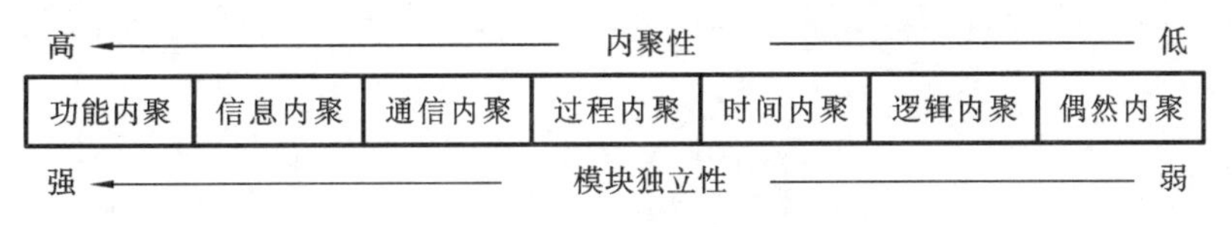

图 4-17　模块内聚性

(1) 偶然内聚:若模块内部各元素之间没有联系,或者即使有联系也很松散,则称这种模块为偶然内聚模块。如图 4-18 所示,偶然内聚存在很大缺点,它不利于程序的修改与维护。

(2) 逻辑内聚:如果一个模块中包含多个逻辑上相关的功能,每次被调用时,根据传递给该模块的判定参数来确定模块应执行的功能,称为逻辑内聚,如图 4-19 所示。

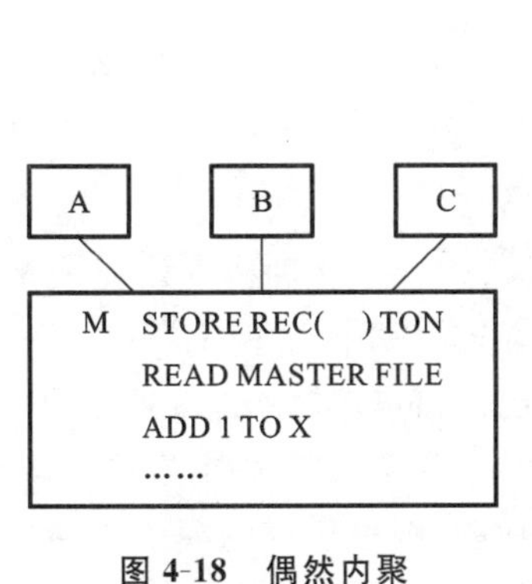

图 4-18　偶然内聚

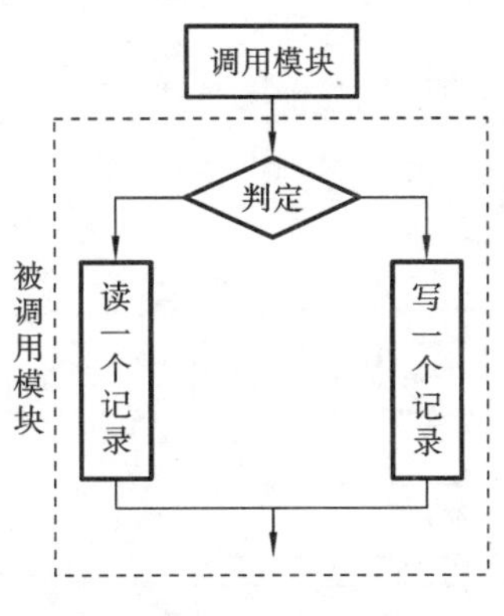

图 4-19　逻辑内聚

逻辑内聚模块中各功能存在着某种相关的联系,但它执行的不是一种功能,而是多种功能,这样往往增加了软件修改和维护的难度。

(3) 时间内聚:如果一个模块所包含的任务必须在同一时间内执行,则称为时间内聚。如初始化模块,对各种变量、数据、栈和寄存器等都在开始执行前期的同一时间段内执行,如图 4-20 所示。

(4) 过程内聚:如果一个模块内的处理是相关的,而且必须以特定次序执行,则称为过程内聚,如图 4-21 所示。

例如,把流程图中的循环部分、判定部分、计算部分分成三个模块,则每个模块都是过程内聚模块。

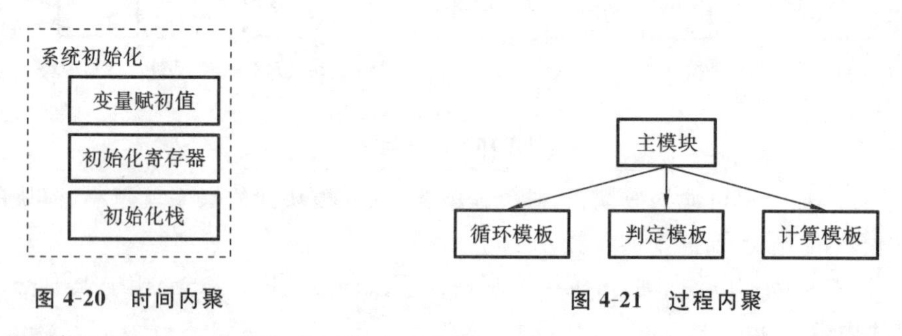

图 4-20　时间内聚　　图 4-21　过程内聚

(5) 通信内聚:如果一个模块各功能部分都使用了相同的输入数据,或产生了相同的输出数据,则称为通信内聚,如图 4-22 所示。

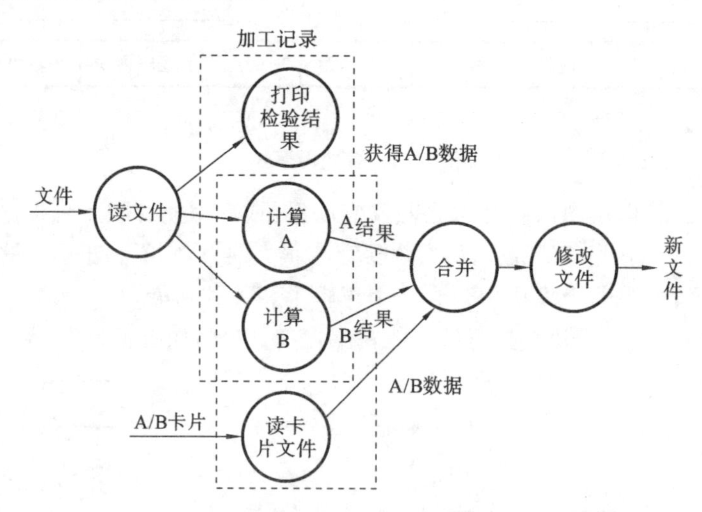

图 4-22　通信内聚

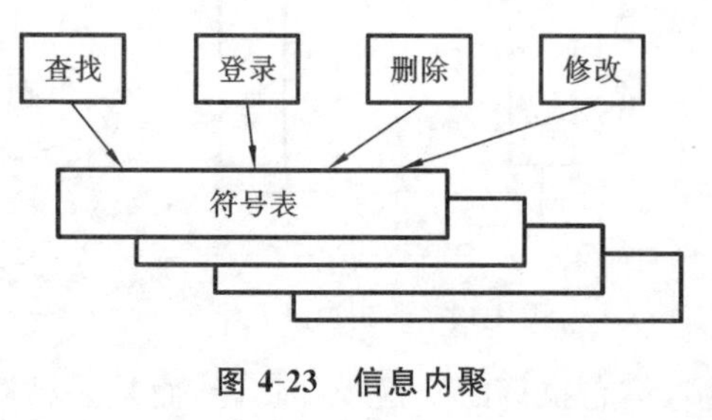

图 4-23　信息内聚

(6) 信息内聚:这种模块能完成多个功能,各个功能都在同一数据结构上操作,每一项功能有一个唯一的入口点,如图 4-23 所示。

(7) 功能内聚:如果一个模块内所有成分都完成同一个功能,则称这样的模块为功能内聚模块。功能内聚是内聚性最高的模块,也就是独立性最强的模块。

软件设计中应该注意:力求做到高内聚,尽量少用中内聚,绝对不用低内聚。

4.4　体系结构设计工具

常用的软件体系结构设计工具有结构图(structure chart,SC)和层次图加输入/处理/输出(hierarchy plus input/processing/output,HIPO)图。

4.4.1　结构图

在结构化设计方法中,软件结构常常采用 20 世纪 70 年代中期由 Yourdon 等人提出的结构图来表示。结构图能够描述软件系统的模块层次结构,清楚地反映出程序中各模块之间的调用关系和联系。结构图中的基本符号如表 4-1 所示。

表 4-1　结构图中的基本符号

符号	含义
	用于表示模块,方框中标明模块的名称
	直线或带箭头直线,用于描述模块之间的调用关系
	表示信息传递,箭头尾部为空心圆表示传递的信息是数据,实心圆则表示传递的是控制信息,箭头上标明信息的名称
A B C	菱形表示模块 A 选择调用模块 B 或模块 C
A B C	圆弧表示模块 A 循环调用模块 B 和模块 C

程序结构可以用许多不同的符号来表示,最常用的是如图 4-24 所示的树形结构图。它表示一个软件系统的分层模型结构。在图中,上级模块调用下级模块,它们之间存在主从关系。而同一层模块之间,并没有这种主从关系。

在结构图中,一个模块调用其他模块的个数,称为该模块的扇出,图 4-24 中模块 M 和 C 的扇出都是 3;而一个模块被其他模块调用的个数,称为该模块的扇入,图 4-24 中模块 T 的扇入为 4。扇出越大,设计该模块时需要考虑的问题就越多,因而复杂性越高。为了控制模块的复杂性,一个模块的扇出不宜过大,一般认为不要超过 7。如果发现某个模块的扇出较大,则

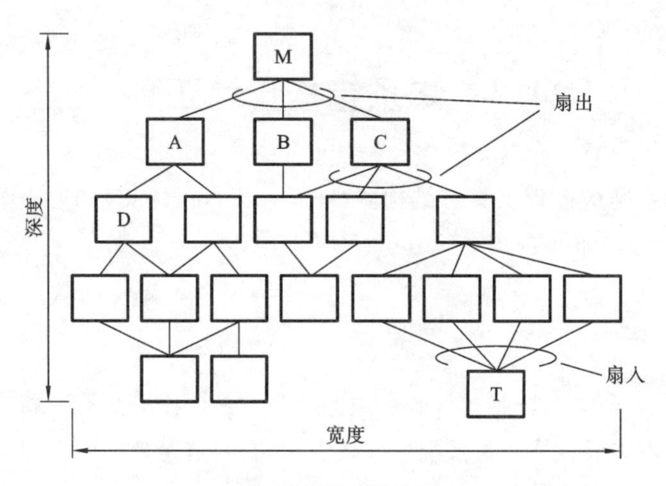

图 4-24　树形结构图

可以考虑重新分解。扇入大一些，一般不会影响问题的复杂性，而且扇入越大，说明该模块的复用性越好。

此外，还可以通过结构图的深度和宽度判断系统的复杂程度。深度是指在软件结构中控制的层数。层数越多，程序越复杂，程序的可理解性也就随之下降。宽度表示软件结构中同一层次上的模块总数的最大值。宽度越大，系统越复杂。如图 4-24 所示的软件结构图中，深度为 5，宽度为 8。

4.4.2　HIPO 图

HIPO 图是 IBM 公司在 20 世纪 70 年代发展起来的用于描述软件体系结构的图形工具。它实质上是在描述软件总体模块结构的层次图（H 图）的基础上，加入了用于描述每个模块输入/输出数据和处理功能的 IPO 图，因此它的中文全名为层次图加输入/处理/输出图。

1. 层次图

层次图（hierarchy chart）表明各功能模块的隶属关系，它是自顶向下逐层分解得到的一个树形结构。其顶层模块是整个系统的名称，第二层是对系统功能的分解，继续分解可得到第三层、第四层等。

为了使 H 图更具有可追踪性，可以为除顶层以外的其他矩形框加上能反映层次关系的编号。图 4-25 所示的是工资计算系统层次图的例子。

2. IPO 图

IPO 图是输入/处理/输出图，它能够方便、清晰地描绘出模块的数据输入、数据加工和数据输出之间的关系。与层次图中每个矩形框相对应，IPO 图描述该矩形框所代表的模块的具体处理细节，作为对层次图中内容的补充说明。

在图 4-26 中左边的框中列出模块涉及的所有输入数据，中间列出主要的数据加工，右边列出处理后产生的输出数据；图中的箭头用于指明输入数据、加工和输出结果之间的关系。

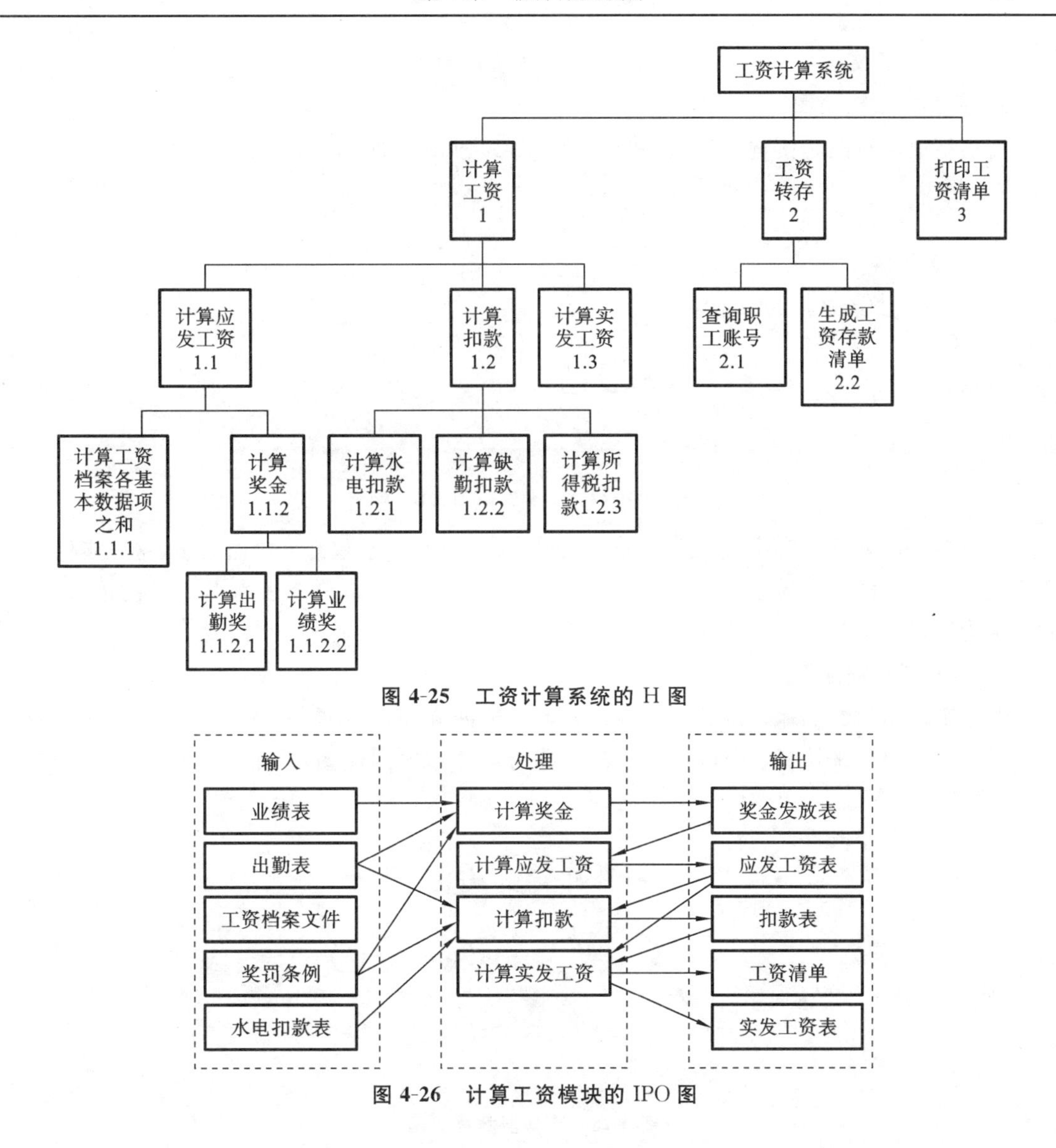

图 4-25　工资计算系统的 H 图

图 4-26　计算工资模块的 IPO 图

4.5　面向数据流的设计方法

面向数据流的设计是以需求分析阶段产生的数据流图为基础，按一定的步骤映射成软件结构，因此又称为结构化设计（structured design，SD）。该方法由美国 IBM 公司 L. Constantine 和 E. Yourdon 等人于 1974 年提出，与结构化分析（SA）衔接，构成完整的结构化分析与设计技术，是目前使用最广泛的软件设计方法之一。

4.5.1　数据流的类型

要把数据流图（DFD）转化为软件结构，首先必须研究 DFD 的类型。各种软件系统，不论

DFD 如何庞大和复杂,一般可分为变换型和事务型两种。

1. 变换型数据流图

变换型数据流图是由输入、变换和输出组成,如图 4-27 所示。

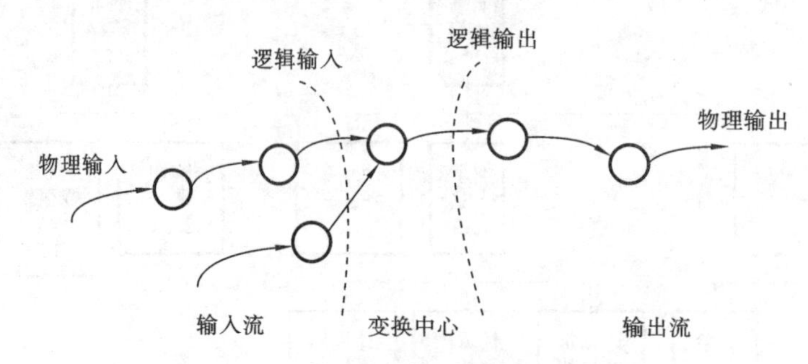

图 4-27　变换型数据流图

变换型数据处理的工作过程一般分为取得数据、变换数据和给出数据三步,这三步体现了变换型数据流图的基本思想。变换是系统的主加工,变换输入端的数据流为系统的逻辑输入,输出端为逻辑输出。

2. 事务型数据流图

若某个加工将它的输入流分离成许多发散的数据流,形成许多加工路径,并根据输入的值选择其中一条路径来执行,这种特征的 DFD 称为事务型数据流图,这个加工称为事务处理中心,如图 4-28 所示。

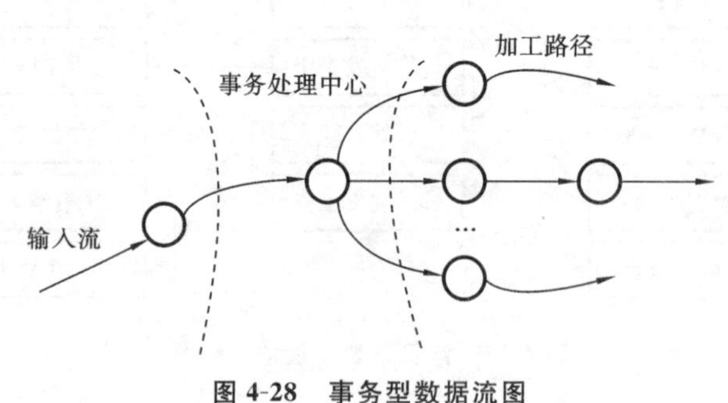

图 4-28　事务型数据流图

4.5.2　设计过程

面向数据流设计方法的过程如下。

(1) 精化 DFD:指把 DFD 转换成软件结构图前,设计人员要仔细地研究分析 DFD 并参照数据字典,认真理解其中的有关元素,检查有无遗漏或不合理之处,进行必要的修改。

(2) 确定 DFD 类型:如果是变换型,则确定变换中心和逻辑输入、逻辑输出的界线,映射为变换结构的顶层和第一层;如果是事务型,则确定事务处理中心和加工路径,映射为事务结构的顶层和第一层。

(3) 分解上层模块,设计中下层模块结构。

(4) 根据优化准则对软件结构求精。

(5) 描述模块功能、接口及全局数据结构。

(6) 复查,如果有错,则转向(2)修改完善,否则进入详细设计。

4.5.3 变换分析设计

(1) 确定 DFD 中的变换中心、逻辑输入和逻辑输出。

(2) 设计软件结构的顶层和第一层——变换结构。变换中心确定以后,就相当于决定了主模块的位置,这就是软件结构的顶层。其主要功能是完成所有模块的控制,它的名称应该是系统名称,以体现完成整个系统的功能。主要模块确定后,设计软件结构的第一层。第一层一般至少有三种功能的模块:输入、输出和变换模块。

(3) 设计中下层模块。对第一层的输入、输出和变换模块自顶向下逐层分解。

① 输入模块下属的设计。输入模块的功能是向它的调用模块提供数据,所以必须有数据来源。每个输入模块可以设计成两个下属模块:一个接收和一个转换,用类似的方法一直分解下去,直到物理输入端。

② 输出模块下属模块的设计。

输出模块的功能是将它的调用模块产生的数据送出。这样每个输出模块可以设计成两个下属模块:一个转换和一个发送,直到物理输出端。

③ 变换模块下属模块的设计。

④ 设计的优化。

以上步骤设计出的软件结构仅仅是初始结构,还必须根据设计准则对初始结构进行改进和求精。

4.5.4 事务分析设计

对于具有事务型特征的 DFD,则采用事务分析的设计方法,如图 4-29 所示。

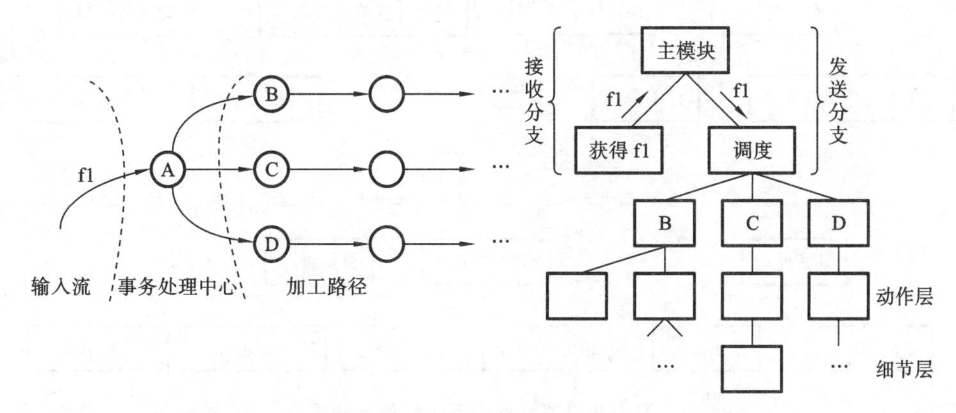

图 4-29 事务分析设计举例

(1) 确定 DFD 中事务处理中心和加工路径。

(2) 设计软件结构的顶层和第一层——事务结构。

① 接收分支:负责接收数据,它的设计与变换型 DFD 的输入部分设计方法相同。

② 发送分支:通常包含一个调度模块,它控制管理所有下层的事务处理模块。当事务类型不多时,调度模块可与主模块合并。

(3) 事务结构中下层模块的设计、优化等工作同变换结构的。

4.5.5 实例分析

本节将对 3.3.2 节中的实例——销售管理系统的数据流图进行分析,并转化为软件结构图。

分析该系统的 0 层图,它有四个主要功能:订货处理、进货处理、缺货处理和销售统计,这四个处理可平行工作,因此从整体上分析可按事务类型数据流图来设计,根据功能来选择四个处理中的一个,如图 4-30 所示。

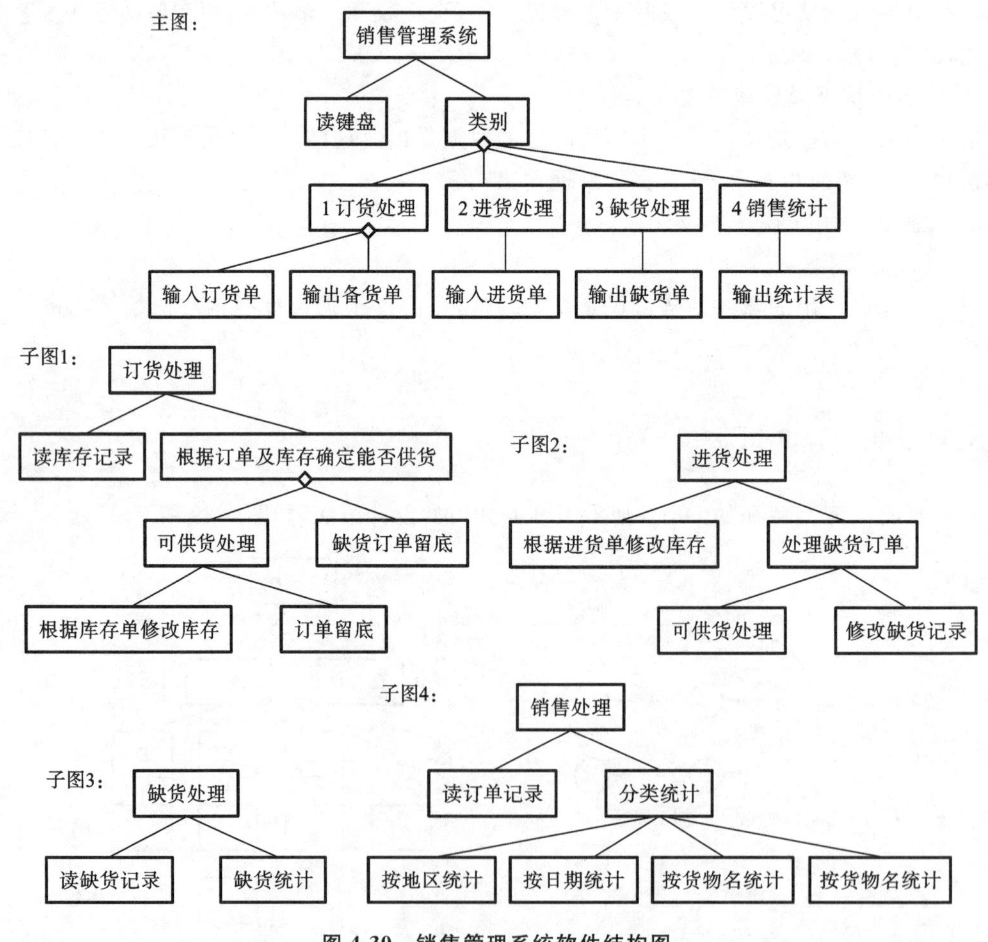

图 4-30 销售管理系统软件结构图

4.6　表示软件结构的另一种图形工具——HIPO图

HIPO图是美国IBM公司于20世纪70年代发展起来的表示软件系统结构的工具。它既可以描述软件总的模块层次结构——H图(层次图)，又可以描述每个模块输入/输出数据、处理功能及模块调用的详细情况——IPO图。HIPO图以模块分解的层次性以及模块内部输入、处理、输出三大基本部分为基础建立的。

它是表示软件系统结构的工具。HIPO图以模块分解的层次性以及模块内部输入、处理、输出三大基本部分为基础建立的。

4.6.1　HIPO图的H图

用于描述软件的层次结构，矩形框表示一个模块，矩形框之间的直线表示模块之间的调用关系，与结构图一样未指明调用顺序。如图4-31为销售管理系统的层次图。

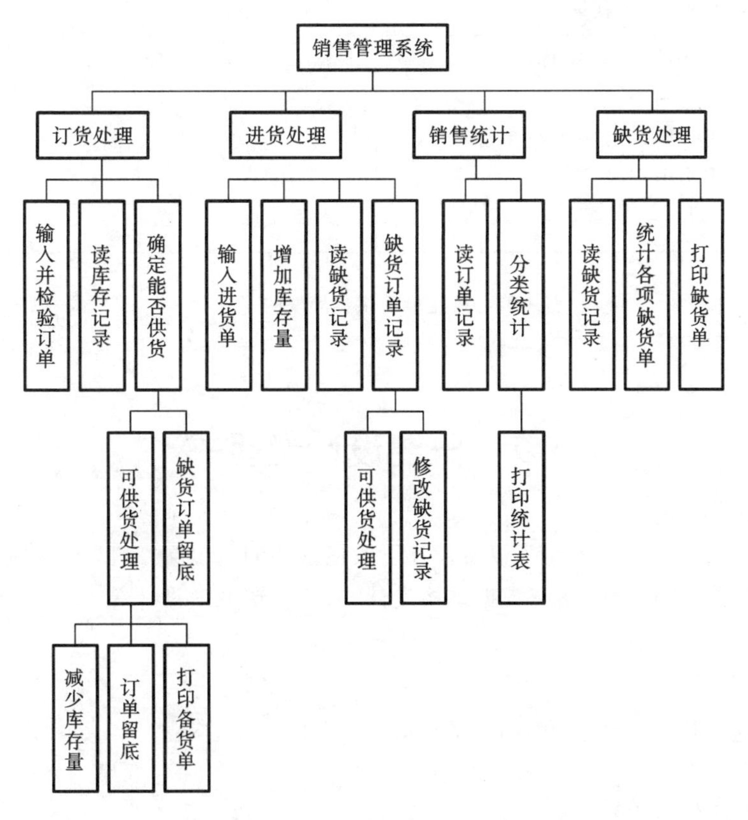

图4-31　销售管理系统的层次图

4.6.2 IPO 图

H 图只说明了软件系统由哪些模块组成及其控制层次结构，并未说明模块间的信息传递及模块内部的处理。因此，对一些重要模块还必须根据数据流图、数据字典及 H 图绘制具体的 IPO 图，如图 4-32 所示。

系统名称：　销售管理系统	设计人：
模块名：　确定能否订货	日期
模块编号：	
上层调用模块：订货处理	
文件名：　库存文件	下层被调用模块：可供货处理 缺货订单留底
输入数据：订单订货量 X 相应货物库存量 Y	输出数据：
处理：　IF Y－X＞0 THEN (调用“可供货处理”) ELSE(调用“缺货订单留底”) ENDIF	
注释：	

图 4-32　确定能否供货模块的 IPO 图

4.7　概要设计说明书

软件项目概要设计说明书作为概要设计阶段最主要的输出文档，其内容主要包括引言、总体设计、接口设计、运行设计、系统数据结构设计、系统出错处理设计等。

1. 引言

1）编写目的

说明编写这份概要设计说明书的目的，指出预期的读者。

2）背景

(1) 待开发软件系统的名称；

(2) 列出此项目的任务提出者、开发者、用户以及将运行该软件的计算站(中心)。

3）定义

列出本文件中用到的专门术语的定义和外文首字母组词的原词组。

4）参考资料

列出有关的参考文件，例如：

（1）本项目的经核准的计划任务书或合同，上级机关的批文；

（2）属于本项目的其他已发表文件；

（3）本文件中各处引用的文件、资料，包括所要用到的软件开发标准。

列出这些文件的标题、文件编号、发表日期和出版单位，说明能够得到这些文件资料的来源。

2. 总体设计

1）需求规定

说明对本系统主要的输入/输出项目、处理的功能要求。

2）运行环境

简要地说明对本系统的运行环境（包括硬件环境和支持环境）的规定。

3）基本设计概念和处理流程

说明本系统的基本设计概念和处理流程，尽量使用图表的形式。

4）结构

用一览表及框图的形式说明本系统的系统元素（各层模块、子程序、公用程序等）的划分，扼要说明每个系统元素的标识符和功能，分层次地给出各元素之间的控制与被控制关系。

5）功能需求与程序的关系

用一张需求-程序矩阵图说明各项功能需求的实现与各程序的分配关系。

6）人工处理过程

说明在本软件系统的工作过程中不得不包含的人工处理过程（如果有的话）。

7）尚未解决的问题

说明在概要设计过程中尚未解决而设计者认为在系统完成之前必须解决的各个问题。

3. 接口设计

1）用户接口

说明将向用户提供的命令和它们的语法结构，以及软件的回答信息。

2）外部接口

说明本系统同外界的所有接口的安排，包括软件与硬件之间的接口、本系统与各支持软件之间的接口关系。

3）内部接口

说明本系统内的各个系统元素之间的接口的安排。

4. 运行设计

1）运行模块组合

说明对系统施加不同的外界运行控制时所引起的各种不同的运行模块组合，说明每种运行所历经的内部模块和支持软件。

2）运行控制

说明每一种外界的运行控制的方式、方法和操作步骤。

3）运行时间

说明每种运行模块组合将占用各种资源的时间。

5. 系统数据结构设计

1）逻辑结构设计要点

给出本系统内所使用的每个数据结构的名称、标识符以及它们之中每个数据项、记录、文卷和系的标识、定义、长度及它们之间层次或表格的相互关系。

2）物理结构设计要点

给出本系统内所使用的每个数据结构中的每个数据项的存储要求，以及访问方法、存取单位、存取的物理关系（索引、设备、存储区域）、设计考虑和保密条件。

3）数据结构与程序的关系

说明各个数据结构与访问这些数据结构的形式。

6. 系统出错处理设计

1）出错信息

用一览表的方式说明每种可能的出错或故障情况出现时，系统输出信息的形式、含义及处理方法。

2）补救措施

说明故障出现后可能采取的变通措施，包括：

（1）后备技术，说明准备采用的后备技术，当原始系统数据丢失时，副本的建立和启动的技术，如周期性地把磁盘信息记录到磁带上去就是对磁盘介质的一种后备技术；

（2）降效技术，说明准备采用的后备技术，使用另一个效率稍低的系统或方法来求得所需结果的某些部分，如一个自动系统的降效技术可以是手工操作和数据的人工记录；

（3）恢复及再启动技术，说明将使用的恢复再启动技术，使软件从故障点恢复执行或使软件从头开始重新运行的方法。

3）系统维护设计

说明为了系统维护的方便而在程序内部设计中做出的安排，包括在程序中专门安排用于系统的检查与维护的检测点和专用模块。

习 题 4

1. 什么是软件概要设计，该阶段的基本任务是什么？
2. 软件设计的基本原理包括哪些内容？
3. 模块的耦合性、内聚性包括哪些种类？各表示什么含义？
4. 变换分析设计与事务分析设计有什么区别？简述其设计步骤。
5. 根据图 4-33 所示的变换型数据流图，设计出对应的初始软件结构图。
6. 某培训中心要研制一个计算机管理系统。它的业务是将学员发来的信件收集分类后，按几种不同的情况处理。

（1）如果是报名的，则将报名数据传送给负责报名事务的职员，他们将查阅课程文件，检查该课程是否额满，然后在学生文件、课程文件上登记，并开出报告单交予财务部门，财务人员

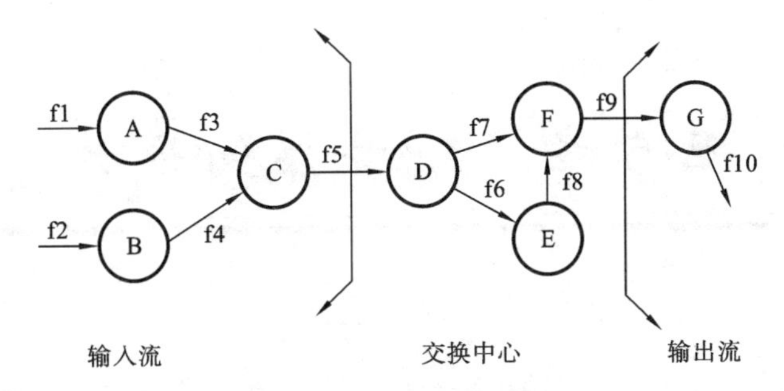

图4-33　变换型数据流图

开出发票给学生。

(2) 如果是想注销原来已选修的课程,则由注销人员在课程文件、学生文件和账目文件上做相应的修改,并给学生注销单。

(3) 如果是付款的,则由财务人员在账目文件上登记,也给学生一张收费收据。

试根据要求画出该系统的数据流图,并将其转换为软件结构图。

第5章 软件详细设计

在概要设计阶段，已经确定了软件系统的总体结构，给出系统中各个组成模块的功能和模块间的联系。详细设计又称为过程设计，就是在概要设计的基础上，考虑如何实现这个软件系统，即对系统中的每个模块给出足够详细的过程性描述，而且应用详细设计的工具来表示这些描述，但描述不是程序，不能够在计算机上运行。

详细设计是编程的先导。这个阶段所产生的设计文档的质量，将直接影响下一阶段程序质量。为了提高文档的质量和可读性，本章除要说明详细设计的目的、任务与表达工具外，还将扼要介绍结构程序设计的基本原理，以及如何用这些原理来指导模块内部的逻辑设计，提高模块控制结构的清晰度。

5.1 详细设计的任务与原则

5.1.1 详细设计的任务

详细设计的任务是为每一个模块确定使用的算法和块内使用的数据结构，并用选定的表达工具清晰地描述。表达工具可以由开发单位或设计人员选择，但表达工具必须具有描述过程的能力，进而在编程阶段能够直接将它翻译为用程序设计语言书写的源程序。这一阶段的主要任务如下。

(1) 为每个模块进行详细的算法设计。用图形、表格、语言等工具将每个模块处理过程的详细算法描述出来。

(2) 为模块内的数据结构进行设计。对于需求分析、概要设计确定的概念性的数据类型进行确切的定义。

(3) 对数据结构进行物理设计，即确定数据库的物理结构。物理结构主要指数据库的存储记录格式、存储记录安排和存储方法，这些都依赖于具体所使用的数据库系统。

(4) 其他设计：根据软件系统的类型，还可能要进行以下设计。

① 代码设计。为了提高数据的输入、分类、存储、检索等操作，节约内存空间，对数据库中的某些数据项的值要进行代码设计。

② 输入/输出格式设计。

③ 人机对话设计。对于一个实时系统，用户与计算机频繁对话，因此要进行对话方式、内容、格式的具体设计。

(5) 编写详细的设计说明书。

(6) 评审。对处理过程的算法和数据库的物理结构都要评审。

5.1.2 详细设计的基本原则

(1) 由于详细设计的蓝图是给人阅读的,是编程的基础,所以模块的逻辑描述要清晰易读、正确可靠。

(2) 根据模块特点选择合适的过程设计工具描述算法。

(3) 采用结构化设计方法,改善控制结构,降低程序的复杂度,从而提高程序的可读性、可测试性、可维护性。

5.2 结构化程序设计

5.2.1 结构化程序设计的概念

结构化程序设计(structured programming,SP)方法是由 Dijikstra 等人于 1965 年提出的,用于指导人们用良好的思维方式开发出正确又易于理解的程序。

结构化程序设计是一种良好的程序设计技术和方法,它采用自顶向下、逐步细化的设计方法和单入口、单出口的控制结构。

Bohm 和 Jacopini 在 1966 年就证明了结构化程序定理:任何程序结构都可以用顺序、选择和循环这 3 种基本结构及其组合来实现。

5.2.2 结构化程序设计的原则

结构化程序设计的原则如下:

(1) 使用语言中的顺序、选择、循环等有限的基本控制结构表示程序;

(2) 选用的控制结构只允许有一个入口和一个出口;

(3) 复杂结构应该用基本控制结构进行组合嵌套来实现;

(4) 严格控制 goto 语句的使用。

【例 5-1】 打印 A、B、C 这 3 个数中最小值的程序。分别用非结构化、结构化程序语言编程。流程图如图 5-1 所示。

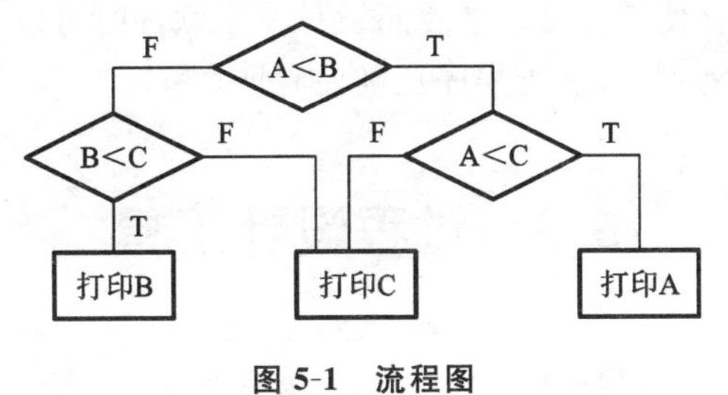

图 5-1 流程图

程序 1:非结构化程序

```
    if(A<B)goto 120;
    If(B<C)goto 110;
100 wrige(C);
    goto 140;
110 wrige(B);
    goto 140;
120 if(A<C)goto 130;
    goto 100;
130 write(A);
140 end
```

程序 2:结构化程序

```
if(A<B)and(A<C)then
  write(A)
else
  if(A≥B)and(B<C)then
     write(B)
  else
     write(C)
  endif
endif
```

程序 1 出现 6 个 goto 语句,一个向后跳转,程序可读性差。程序 2 使用 if-then-else 语句,结构化构造,可读性好。

5.2.3 结构化程序设计的优点

结构化程序设计的优点如下:

(1) 自顶向下逐步求精的方法符合人类解决复杂问题的普遍规律,可以显著提高软件开发的成功率和生产率;

(2) 先全局后局部、先整体后细节、先抽象后具体的逐步求精过程开发出的程序有清晰的层次结构;

(3) 使用单入口、单出口的控制结构而不使用 goto 语句,使得程序的静态结构和它的动态执行情况比较一致;

(4) 控制结构有确定的逻辑模式,编写程序代码只限于使用很少几种直截了当的方式;

(5) 程序清晰和模块化使得在修改和重新设计一个软件时可以重用的代码量最大;

(6) 程序的逻辑结构清晰,有利于程序正确性验证。

5.3 过程设计工具

在理想的情况下,算法过程描述应采用自然语言来表达,这样使得不懂软件的人较易理解。

描述程序模块处理过程的工具称为过程设计工具，详细设计的工具主要有以下几种。

(1) 图形工具：利用图形工具可以把过程的细节用图形描述出来。

(2) 表格工具：可以用一张表来描述过程的细节，在这张表中列出了各种可能的操作和相应的条件。

(3) 语言工具：用某种高级语言(称之为伪码)来描述过程的细节。

详细设计常用的过程设计工具如图5-2所示。

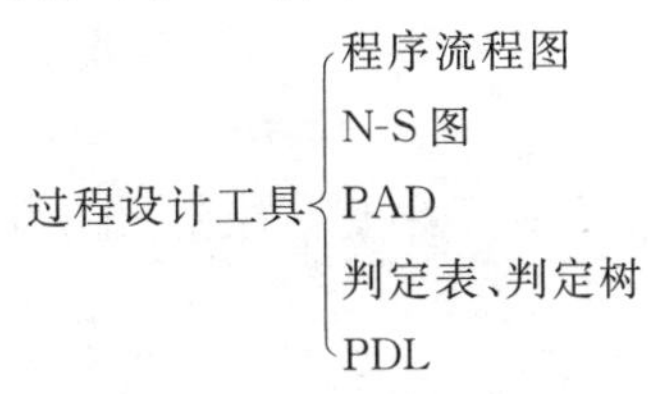

图5-2　过程设计工具

5.3.1　程序流程图

程序流程图(program flow chart)又称为程序框图，是一种描述程序的控制结构流程和指令执行情况的有向图。它独立于任何程序设计语言，比较直观和清晰地描述过程的控制流程，易于学习掌握。因此，程序流程图至今仍是软件开发人员最普遍采用的一种工具。

程序流程图也存在一些严重的不足，主要表现在：程序流程图使用的符号不够规范，特别是表示程序控制流程的箭头可以不受任何约束，随意转移控制。这些现象显然是与软件工程化的要求相背离的。为了消除这些不足，应严格定义程序流程图所使用的符号。例如，为使用程序流程图描述结构化程序，必须限制在程序流程图中只能使用图5-3中的5种基本控制结构。

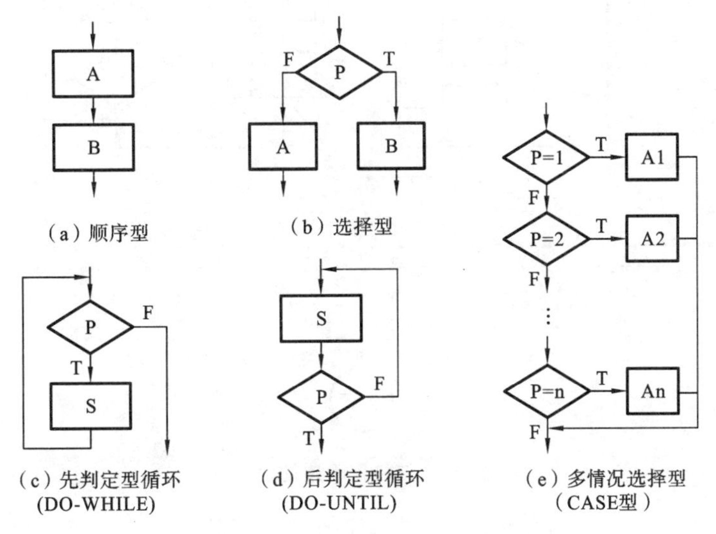

图5-3　5种基本控制结构程序流程图

(1) 顺序型。顺序型由几个连续的处理步骤依次排列构成,如图 5-3(a)所示。

(2) 选择型。选择型是指由某个逻辑判断式的取值决定选择两个处理中的一个,如图 5-3(b)所示。

(3) DO-WHILE 型循环。DO-WHILE 型循环是先判定型循环,在循环控制条件成立时,重复执行特定的处理,如图 5-3(c)所示。

(4) DO-UNTIL 型循环。DO-UNTIL 型循环是后判定型循环,重复执行某些特定的处理,直到控制条件成立为止,如图 5-3(d)所示。

(5) 多情况选择型。多情况选择型列举多种处理情况,根据控制变量的取值,选择执行其一,如图 5-3(e)所示。

任何复杂的程序流程图都应由上述 5 种基本控制结构组合或嵌套而成。图 5-4 所示的为一个程序流程图的示例。

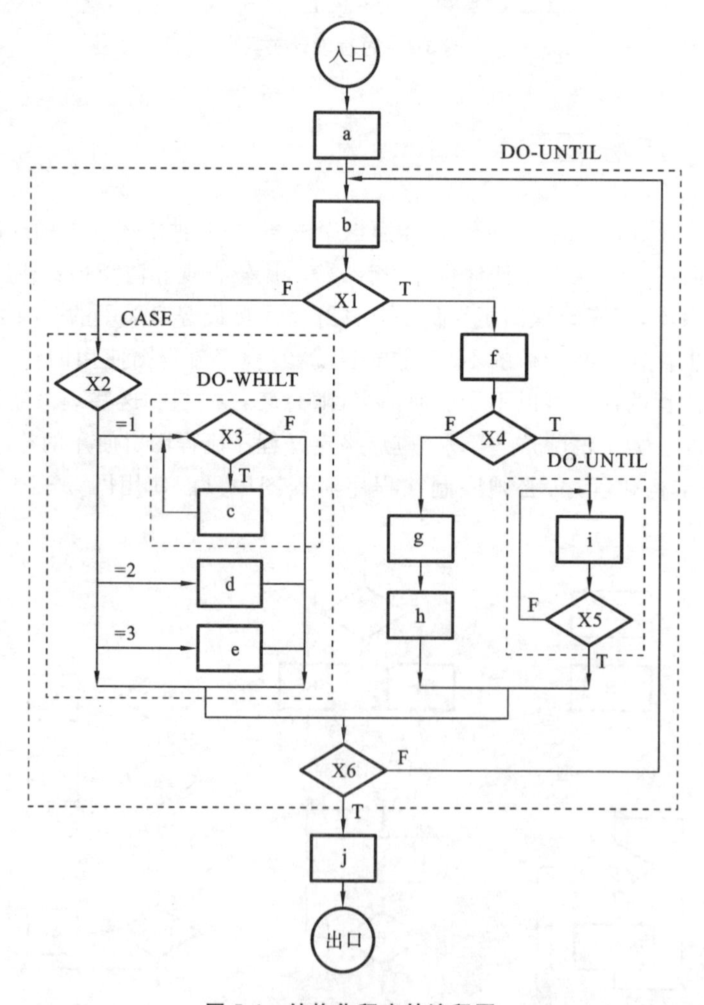

图 5-4 结构化程序的流程图

为了能够准确地使用程序流程图,要对程序流程图所使用的符号做出确切的规定。除去按规定使用定义了的符号之外,程序流程图中不允许出现其他任何符号。图 5-5 所示的为国际标准化组织提出,并已被我国国家质量技术监督局批准的一些程序流程图标准符号,其中多数所规定的使用方法与习惯用法相一致。

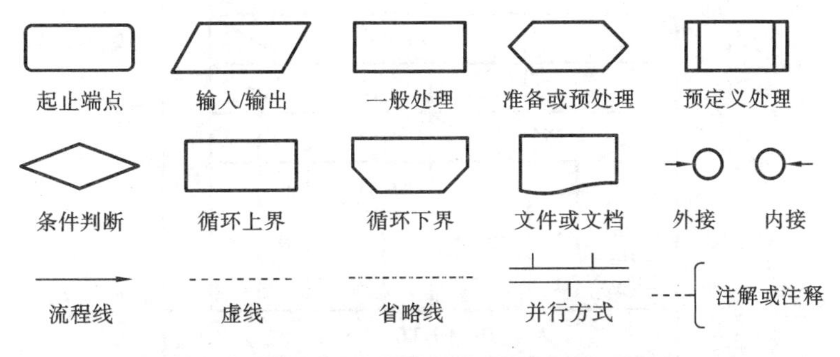

图 5-5　程序流程图中的符号

5.3.2　盒图(N-S 图)

Nassi 和 Shneiderman 基于要有一种不允许违背结构化程序设计精神的图形工具考虑,提出了盒图,又称为 N-S 图。盒图的基本符号如图 5-6 所示。

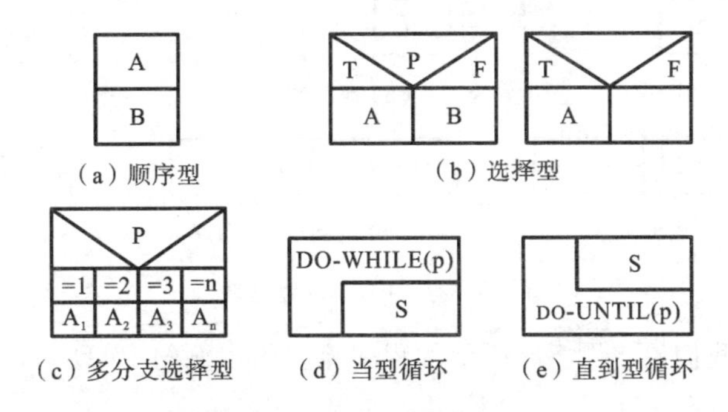

图 5-6　盒图多种类型

盒图没有箭头,只能从上边进入盒子然后从下面走出盒子,除此之外没有其他入口和出口,所以盒图限制了任意的控制转移,保证程序有良好的结构。使用盒图作为详细设计的工具,可以使程序员逐步养成用结构化的方式思考问题和解决问题的习惯。

为了便于理解,我们给出图 5-4 所示的程序流程图示例的 N-S 图,如图 5-7 所示。

N-S 图的特点如下:

(1) 图形清晰、准确;

(2) 控制转移不能任意规定,必须遵守结构化程序设计原则;

(3) 很容易确定局部数据和全局数据的作用域;

(4) 容易表现嵌套关系和模块的层次结构。

5.3.3　PAD

PAD(problem analysis diagram)由日本日立公司于 1973 年提出,已得到一定程度的应用。

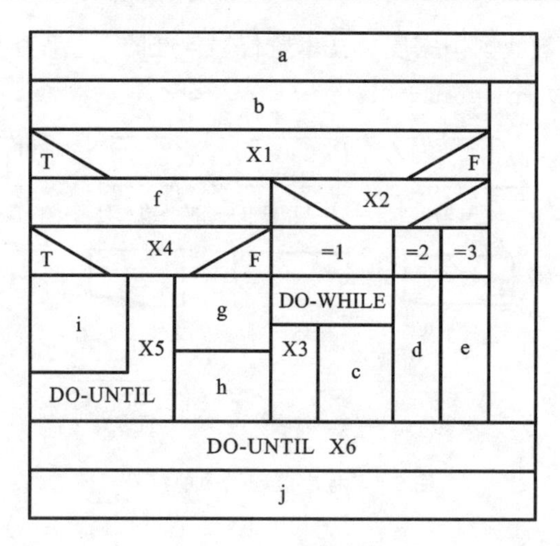

图 5-7　盒图示例

它用二维树形结构图来表示程序的控制流，将这种图翻译成程序代码比较容易，如图 5-8 所示。

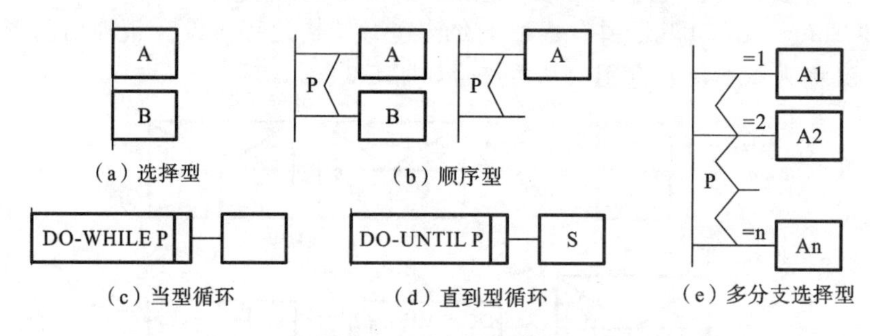

图 5-8　PAD 多种类型

为了便于理解，我们给出图 5-4 所示的程序流程图示例的 PAD 图，如图 5-9 所示。

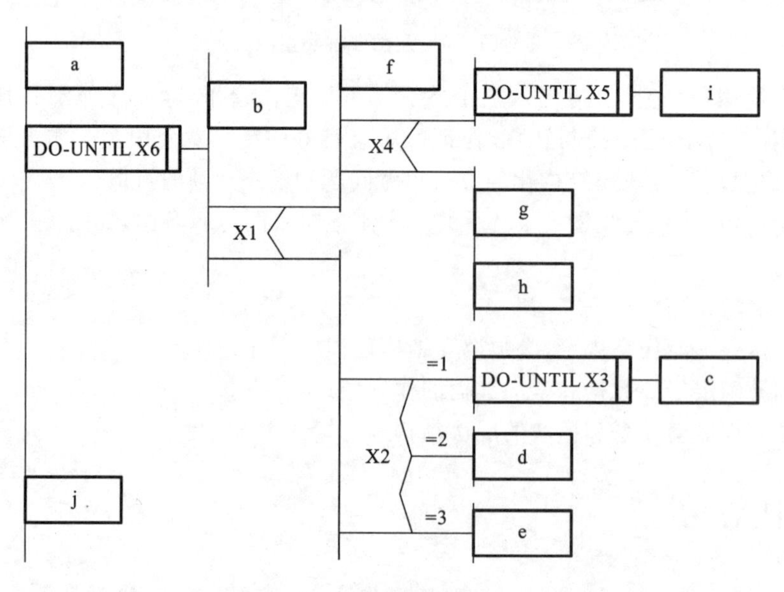

图 5-9　PAD 示例

PAD 表达的软件过程呈树形结构，它既克服了传统的流程图不能清晰表现程序结构的缺点，又不像 N-S 图那样受到把全部程序约束在一个方框内的限制，这就是它的优势所在。

PAD 具有如下特点。

(1) PAD 的清晰度和结构化程度高；PAD 中的竖线是程序的主干线，即程序的第一层结构。其后，每增加一个层次，则向右扩展一条纵线。程序中的层数就是 PAD 中的纵线数。因此，PAD 的可读性强。

(2) 利用 PAD 设计出的程序必定是结构化的程序。

(3) 利用软件工具可以将 PAD 转换成高级语言程序，进而提高了软件的可靠性。

(4) PAD 支持自顶向下的逐步求精的方法。

5.3.4　判定表

在数据处理中，有时数据流的加工需要依赖于多个逻辑条件的取值，就是说完成这一加工的一组动作是由一组条件取值的组合而引发的。这时使用判定表来描述比较合适。

判定表通常由四部分组成：左上部分列出所有的条件，左下部分为所有可能的操作，右上部分表示各种条件组合的一个矩阵，右下部分是对应每种条件组合应有的操作。

【例 5-2】 下面以商店业务处理系统中的“检查发货单”来说明判定表的组织方法。假定发货单金额大于＄500，并且赊欠情况大于 60 天的不发出批准书，但是赊欠情况小于或等于 60 天的就发出批准书和发货单；发货单金额小于或等于＄500，赊欠情况大于 60 天的发出批准书和发货单及赊欠报告，但是赊欠情况小于或等于 60 天的，就发出批准书和发货单，用判断表可以清楚地表示与上述每一种条件组合和相对应的算法，如表 5-1 所示。

表 5-1　商店业务处理系统中“检查发货单”判定表

		1	2	3	4
条件	发货单金额	＞＄500	＞＄500	≤＄500	≤＄500
	赊欠情况	＞60 天	≤60 天	＞60 天	≤60 天
操作	不发出批准书	√			
	发出批准书		√	√	√
	发出发货单		√	√	√
	发出赊欠报告			√	

5.3.5　判定树

判定树是判定表的变种，它能清晰地表达复杂的条件组合与所对应的操作之间的关系。判定树的优点在于它无需任何说明，一眼就能看出其含义，易于理解和使用。图 5-10 所示的是商店业务处理系统中“检查发货单”的一个判定树。

```
检查     金额＞＄500 { 欠款＞60天——不发出批准书
发货单                 欠款≤60天——发出批准书、发货单
         金额≤＄500 { 欠款＞60天——发出批准书、发货单及赊欠报告
                       欠款≤60天——发出批准书、发货单
```

图 5-10　商店业务处理系统中“检查发货单”判定树

5.3.6　PDL 语言

PDL(process design language)是一种用于描述功能模块的算法设计和加工细节语言，称为过程设计语言。它是一种伪代码(pseudo code)。

PDL 可以用关键词加自然语言来表述。一方面，PDL 具有严格的关键字外部语法，用于定义控制结构和数据结构；另一方面，PDL 表示的实际操作和条件的内部语法通常又是灵活自由的，以便适应各种工程项目的需要。因此，PDL 是一种“混杂”语言，它使用一种语言(通常是某种自然语言)的词汇，同时却使用另一种语言(某种结构化的程序设计语言)的语法。

PDL 主要语法结构如图 5-11 所示。

```
IF<条件>
    THEN<程序块/伪代码语句组>;
    ELSE<程序块/伪代码语句组>;
ENDIF
```

(a) 选择型结构

```
DO WHILE<条件描述>
    <程序块/伪代码语句组>;
ENDDO
REPEAT UNTIL<条件描述>
    <程序块/伪代码语句组>;
ENDREP
```

(b) 重复型结构

```
DO FOR<下标=下标表,表达式>
      <程序块/伪代码语句组>;
ENDFOR
```

(a) 步长重复型结构

```
CASE OF<CASE 变量名>;
    WHEN<CASE 条件 1>SELECT<程序块/伪代码语句组>;
    WHEN<CASE 条件 2>SELECT<程序块/伪代码语句组>;
    ……
    DEFAULT:缺省或错误 CASE:<程序块/伪代码语句组>;
ENDCASE
```

(d) 多分支选择结构

图 5-11　PDL 语法结构

【例 5-3】　商店业务处理系统中“检查发货单”的伪代码。

```
if 发货单金额超过$ 500 then
        if 欠款超过了 60 天 then
                在偿还欠款前不予批准
        else (欠款未超期)
                发出批准书、发货单
      endif
```

```
else (发货单金额未超过$ 500)
        if 欠款超过 60 天 then
                发出批准书、发货单及赊欠报告
        else (欠款未超期)
                发出批准书、发货单
    endif
endif
IF the invoice exceeds $ 500 THEN
    IF the account has any invoice more than 60 days overdue THEN
        the confirmation pending resolution of the debt
    ELSE
        issue confirmation and invoice
    ENDIF
ELSE
    IF the account has any invoice more than 60 days overdue THEN
        issue confirmation,invoice and write message on credit action report
    ELSE
        issue confirmation and invoice
    ENDIF
ENDIF
```

PDL 语言具有如下特点。

(1) 提供全部结构化控制结构和模块特征,能对 PDL 正文进行结构分割,使之变得易于理解。

(2) 有数据说明机制,包括简单的(如变量和数组)和复杂的(如链表和层次结构)数据结构。

(3) 有子程序定义与调用机制,用以表达各种方式的接口说明。

(4) 为了区别关键字,规定关键字一律大写,其他单词一律小写。或者规定关键字加下划线,或者规定它们为黑体字。

(5) 内语法使用自然语言来描述处理特性。内语法比较灵活,只要写清楚就可以,以利于人们把主要精力放在描述算法的逻辑上。

5.3.7 小结

通常情况下,对于加工逻辑描述工具的选择,可以遵循以下规律:

(1) 对于不太复杂的判断逻辑,使用判定树比较好;

(2) 对于复杂的判断逻辑,使用判定表比较好;

(3) 若一个处理逻辑既包含了一般的顺序执行动作,又包含了判断或循环逻辑,则使用 PDL 比较好。

5.4 面向数据结构的设计方法

5.4.1 概述

我们知道,程序加工的是数据结构,程序表述的算法在很大程度上依赖于作为基础的数据结构。如记录、表、结构等类型的数据,分量与分量之间是一种顺序结构,程序处理必然是顺序结构控制;数组、文件每个分量占据的空间一样大且连续存放,程序处理必然是循环结构控制;变体记录、联合等类型的数据是一种选择覆盖的结构,程序处理必然是分支结构控制;数据结构分层次(如文件由许多记录组成),程序结构也必然分层次。因此,数据结构不但影响程序的结构,也影响着程序的处理过程。所以20世纪70年代中期出现了“面向数据结构”的设计方法,其中有代表性的是由英国人M. Jackson提出的Jackson方法和由法国人J. Warnier提出的Warnier方法,本书介绍Jackson方法。

5.4.2 Jackson结构图

Jackson方法面向数据结构设计,所以提供了自己的描述工具Jackson结构图。Jackson指出,无论数据结构还是程序结构,都限于三种基本结构及它们的组合,因此,他给出了三种基本结构的表示。这三种基本结构不仅可以表示数据结构,还可以表示程序结构。图5-12所示的为Jackson结构图的三种基本结构的表示。

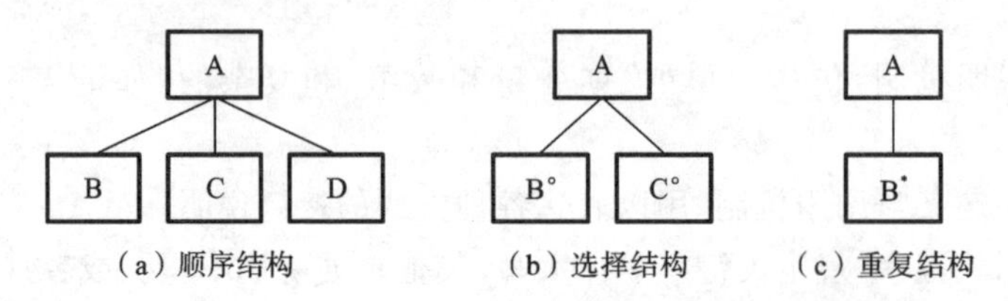

图5-12 Jackson结构图的三种基本结构

Jackson方法是面向数据结构的设计方法。Jackson方法定义了一组以数据结构为指导的映射过程,它根据输入/输出的数据结构,按一定的规则映射成软件的过程描述,即程序结构,而不是软件的体系结构,因此该方法适用于详细设计阶段。

1. 顺序结构

图5-12(a)中的A是一个顺序结构,指出由基本成分B、C、D顺序组成。注意这里的A并非模块,它既可以是数据(表示数据结构时),又可以是程序(表示程序结构时),而B、C、D仅是A的成分,上、下层是“组成”的关系,A中除了B、C、D外不包含其他代码。

2. 选择结构

如图5-12(b)所示,表示A由B或C组成。

3. 重复结构

如图 5-12(c)所示，表示 A 由零个或多个 B 组成。

【例 5-4】 某仓库管理系统每天要处理大批单据所组成的事务文件。单据分为订货单和发货单两种，每张单据由多行组成，订货单每行包括零件号、零件名、单价、数量等 4 个数据项，发货单每行包括零件号、零件名、数量等 3 个数据项，用 Jackson 结构图表示该事务文件的数据结构。图 5-13 所示的为该事务文件的数据结构。

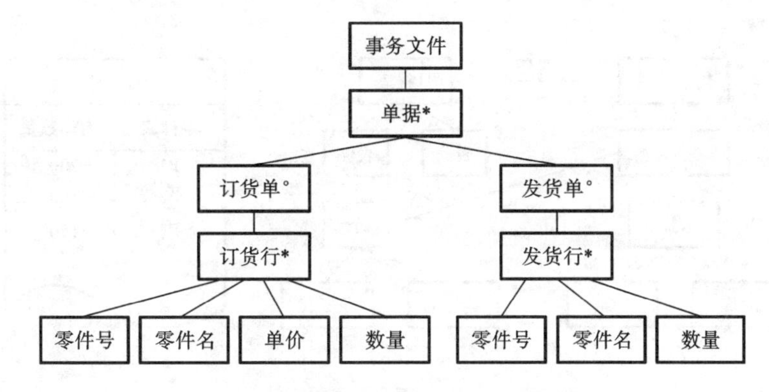

图 5-13　事务文件的 Jackson 结构图

从上述例子可以看出，Jackson 结构图具有以下特点：

(1) 能对结构进行自顶向下分解，因此可以表示层次结构；

(2) 结构易读，形象直观；

(3) 既能表示数据结构也能表示程序结构，且表示的是组成关系。

5.4.3　Jackson 方法设计步骤

Jackson 方法一般通过以下五个步骤来完成设计。

(1) 分析并确定输入数据和输出数据的逻辑结构，并用 Jackson 结构图表示这些数据结构。

(2) 找出输入数据结构和输出数据结构中有对应关系的数据单元。“对应关系”指这些数据单元在数据内容、数量和顺序上有直接的因果关系，对于重复的数据单元，重复的次序和次数都相同才有对应关系。

(3) 按一定的规则由输入、输出的数据结构导出程序结构。

(4) 列出基本操作与条件，并把它们分配到程序结构图的适当位置。

(5) 用伪码写出程序。

现举例说明 JSP 方法设计过程。

【例 5-5】 某仓库存放多种零件(如 P1,P2,…)，每个零件的每次进货、发货都有一张卡片做出记录，每月根据这样一叠卡片打印一张月报表。报表每行列出某种零件本月库存量的净变化。用 Jackson 方法对该问题进行设计。

(1) 建立输入/输出数据结构。

① 输入数据：根据题意，同一种零件根据进货、发货状态不同，每月登记有几张卡片。把同一种零件的卡片放在一起组成一组，所有的卡片组按零件名排序。所以输入数据是由许多零件组组成的文件，每个零件组有许多张卡片，每张卡片上记录着本零件进货或发货的信息。因此，输入数据结构的 Jackson 结构图如图 5-14(a)所示。

② 输出数据：根据题意，输出数据是一张如图 5-14(c)所示的月报表，它由表头和表体两部分组成，表体中有许多行，一个零件的净变化占一行，其输出数据结构的 Jackson 结构图如图 5-14(b)所示。

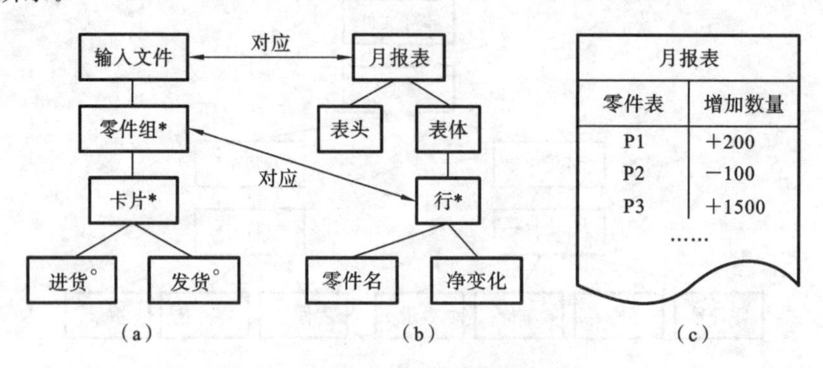

图 5-14　某仓库系统输入、输出数据结构

(2) 找出输入/输出数据结构中有对应关系的单元。

月报表由输入文件产生，有直接的因果关系，因此顶层的数据单元是对应的。表体的每行数据由输入文件的每一个“零件组”计算而来，行数与组数相同，且行的排列次序与组的排列次序一致，都按零件号排序。因此，“零件组”与“行”对应，以下再无对应的单元。

(3) 导出程序结构。

找出对应关系后，根据以下规则导出程序结构：对于输入数据结构与输出数据结构中的数据单元，每对有对应关系的数据单元按照它们所在的层次，在程序结构图适当位置处画一个处理框，无对应关系的数据单元，各画一个处理框。根据以上规则，画出的程序结构图如图 5-15 所示。

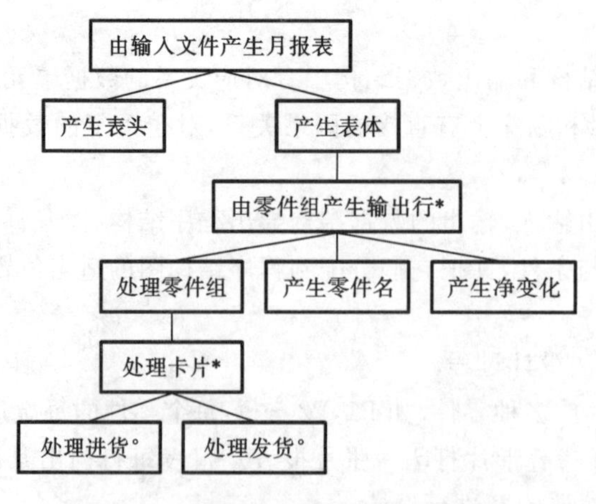

图 5-15　某仓库系统程序数据结构

在图 5-15 所示的程序结构的第 4 层增加了一个"处理零件组"的框，因为改进的 Jackson 结构图规定顺序执行的处理中不允许混有重复执行和选择执行的处理。增加了这样一个框，使之符合该规定，同时也提高了结构图的易读性。

(4) 列出并分配操作与条件。

为了对程序结构作补充，要列出求解问题的所有操作和条件，然后分配到程序结构图的适当位置，就可得到完整的程序结构图。

本问题的基本操作列出如下：

① 终止；② 打开文件；③ 关闭文件；④ 打印字符行；⑤ 读一张卡片；⑥ 产生行结束符；⑦ 累计进货量；⑧ 累计发货量；⑨ 计算净变量；⑩ 置零件组开始标志。

列出条件如下：

I(1)：输入条件未结束；(2)：零件组未结束；S(3)：进发货标志。

将操作与条件分配的程序结构图如图 5-16 所示。

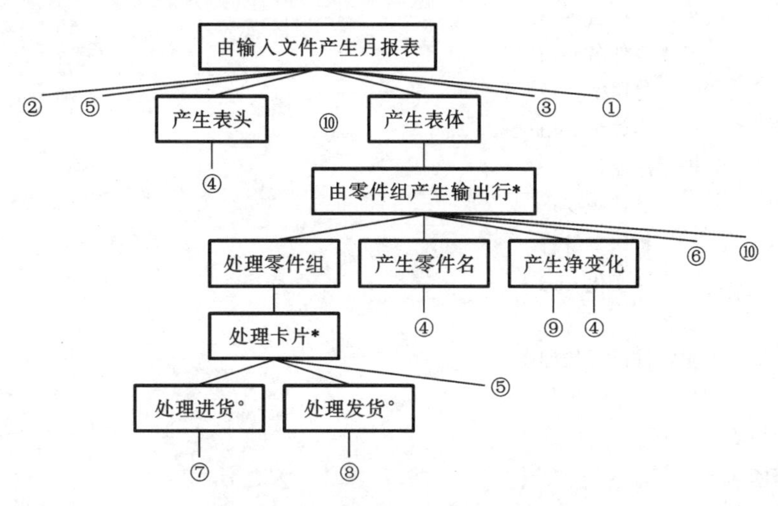

图 5-16　分配操作后的程序结构图

在分配操作时注意：为了能获得重复和选择的条件，Jackson 建议至少超前读一个记录，以便使得程序不论在什么时候判定，总有数据已经读入，并做好使用准备。因此在图 5-16 中，将操作⑤(读一张卡片)放在②(打开文件)之后，同时在处理完一张卡片后再读一次。

(5) 用伪码写出程序。

Jackson 方法中的伪码也称为图解逻辑，与 Jackson 所示的程序结构图完全对应。以下是图 5-16 对应的伪码描述。

```
产生月报表 seq
    打开文件
    读一张卡片
    产生表头 seq
        打印字符行
    产生表头 end
    置零件组开始标志
```

```
    产生表体 iter while 输入文件未结束
        由零件组产生输出行 seq
            处理零件组 iter while 零件组未结束
                处理卡片 sel 进货标志
                    处理进货 seq
                        累计进货量
                    处理进货 end
                处理卡片 or 发货标志
                    处理发货 seq
                        累计发货量
                    处理发货 end
                处理卡片 end
                读一张卡片
            处理零件组 end
            产生零件名 seq
                打印字符行
            产生零件名 end
            产生净变化 seq
                计算净变化
                打印字符行
            产生净变化 end
            换行
            置零件组开始标志
        由零件组产生输出行 end
    产生表体 end
    关闭文件
    终止
产生月报表 end
```

5.5 详细设计说明书

详细设计的结果是产生详细设计说明书。详细设计说明书应包括以下内容。

1. 引言

1）编写的目的

说明编写该详细设计说明书的目的，并指明其预期的读者。

2）背景

说明该项目的相关信息，包括项目的名称、提出者、开发者以及最终用户等。

3）定义

列出文档中用到的专业术语的定义以及外文缩写词的全称。

4）参考资料

列出相关参考资料的标题、作者、文件编号、发表日期、出版单位，并说明其来源。这些相关的参考资料包括项目的计划任务书、合同或上级机关批文、本项目的其他相关文档及操作手册、本文档所引用资料的出处以及软件开发标准。

2. 系统的结构

用各种描述工具描述系统中每一个模块及子程序的名称、标识符、功能及它们之间的层次结构与调用关系。

3. 程序1(标识符)设计说明

1）程序描述

简要描述该程序的设计目的及该程序的特点。

2）功能

说明该程序应具备的功能。

3）性能

说明对该程序各个方面的性能要求。

4）输入项

列出每个输入项的特性。

5）输出项

列出每个输出项的特性。

6）算法

说明该程序所采用的算法。

7）流程逻辑

以图表的形式描述程序的流程逻辑。如采用程序流程图、N-S图、PAD和判定表等来进行描述。

8）接口

说明该程序与相关联模块之间的关系，包括它们之间的数据传送、相互间的调用关系等。

9）存储分配

说明与该程序相关的存储文件的存储方式及其分配情况。

10）注释设计

对模块及内部小模块将要实现什么功能和彼此的关系加以注释，还有对其中用到的变量的属性功能也加以注释。

11）限制条件

说明该程序在运行中所受到的限制条件。

12）测试计划

说明将要对该程序进行测试的计划。

13）尚未解决的问题

列出在该程序的设计中尚未解决而设计者认为在完成该软件之前必须解决的问题。

4. 程序2(标识符)设计说明

与程序1设计说明类似，对程序2～程序n进行描述。

习　题 5

1. 详细设计的基本任务是什么?

2. 结构化程序设计方法的基本要点是什么?

3. 详细设计主要使用哪些描述工具? 各有什么特点?

4. Jackson 方法有哪些设计步骤? 该方法有哪些特点?

5. 一个正文文件由若干个记录组成,每个记录是一个字符串。要求统计每个记录中空格字符的个数及文件中空格字符的总个数。要求输出数据格式是每复制一行字符串之后,另起一行打印出上一行字符串空格字符的个数,最后一行打印出空格字符总个数。

6. 画出下面用 PDL 写出的程序的 PAD 图和盒图。

```
WHILE P DO
    IF A>0 THEN A1 ELSE A2 ENDIF;
    IF B>0 THEN B1;
        IF C>0 THEN C1 ELSE C2 ENDIF
            ELSE B2
        ENDIF;
        B3
ENDWHILE;
```

第6章 软件编程

编程就是把详细设计的结果翻译成计算机可以理解的形式，即选用某种程序设计语言按详细设计文档书写程序。编程作为软件工程的一个步骤，是软件设计的结果，因此，程序的质量主要取决于软件设计的质量。但是，程序设计语言的特性和编程技术也将对程序的可靠性、可阅读性、可测试性和可维护性产生重要影响。

6.1 程序设计语言

编程的目的是使计算机按程序设计者的要求而工作，即用选定的程序设计语言，把模块过程描述翻译为用程序设计语言书写的源程序。程序设计语言是人和计算机通信的最基本的工具。程序设计语言的特性不可避免地会影响人的思维和解决问题的方式，也会影响人和计算机通信的方式和质量，还会影响其他人阅读和理解程序的难易程度，因此，编程之前的一项重要工作就是选择一种适当的程序设计语言。本章从软件工程的观点，简单介绍与程序设计语言有关的问题。

6.1.1 程序设计语言分类

自20世纪60年代以来，人们已经设计和实现了多种程序设计语言，但是只有其中很少一部分得到了广泛的应用。现有的程序设计语言虽然品种繁多，但基本上可以将它们分为面向机器语言和高级语言（包括超高级语言4GL）两大类。

1. 面向机器语言

面向机器语言包括机器语言和汇编语言。这两种语言与机器逻辑结构相关，其语句和计算机硬件操作相对应。因此，其指令系统是面向机器的，因机器而异，可学性和可阅读性及可理解性较差，从软件工程的观点来看，就是生产率低，容易出错，维护困难，所以现在的软件开发一般不使用汇编语言。但它的优点是易于实现系统接口，编码译成机器语言效率高，因而在某些使用高级语言不能满足用户需求的情况下，可以使用汇编语言编程。

2. 高级语言

高级语言的出现大大提高了软件生产效率。高级语言使用的概念和符号与人类经常使用的概念和符号比较接近，它的一个语句往往对应若干条机器指令。一般来说，高级语言不依赖于实现这种语言的计算机，通用性强。高级语言还可进一步分类，我们可以分别从应用特点和语言内在特点两个角度对高级语言进行分类。

(1) 基于应用的高级语言分类。从应用特点看,高级语言可以分为基础语言、结构化语言和专用语言三类。

① 基础语言。基础语言是通用语言,它们的特点是出现早,含有大量软件库,应用广泛。属于这类语言的有 FORTRAN、COBOL、BASIC 和 ALGOL 等。这些语言创始于 20 世纪 50 年代或 60 年代,部分性能已老化,但随着版本的更新与性能的改进,至今仍被应用。

FORTRAN 是使用最早的高级语言,它适合于科学计算。其缺点是数据类型不丰富,对复杂数据结构缺乏支持。

COBOL 是商务处理中应用最广泛的高级语言。它广泛地支持与事物数据处理有关的各种过程技术。其优点是数据部、环境部、过程部分开,程序适应性强、可移植性强且使用近似于自然语言的语句,易于理解。但其缺点是计算功能弱、编译速度慢、程序不够紧凑等。

BASIC 是为适应分时系统而设计的一种交互式语言,用于一般数值计算与事务处理。其优点是简单易学,具有交互功能,因此该语言成为许多程序设计初学者的入门语言,对计算机的普及起了巨大推动作用。

ALGOL 包括 ALGOL60 和 ALGOL68,是一种描述计算过程的算法语言。它对 PASCAL 的产生有强烈的影响,被认为是结构化语言的前驱。其缺点是缺少标准的输入/输出和结构使用的换名参数。

② 结构化语言。结构化语言又称为现代语言,也是通用语言。这类语言的特点是直接提供结构化的控制结构,具有很强的过程能力和数据结构能力。ALGOL 是最早的结构化语言(同时又是基础语言),由它派生出来的 PL1、PASCAL、C 以及 Ada 等语言已应用在非常广泛的领域中。

PASCAL 是第一个系统地体现结构化程序设计概念的现代高级语言。它的优点主要是模块清晰,控制结构完备,数据结构和数据类型丰富,且表达能力强,可移植性好。因此,PASCAL 在科学计算、数据处理及系统软件开发中应用广泛。

C 语言最初是作为 unix 操作系统的主要语言开发的,现在已独立于 unix 成为通用的程序设计语言,适用于多种微机与小型计算机系统。它具有结构化语言的公共特征,表达简洁,控制结构、数据结构完备,运算符和数据类型丰富,而且可移植性强,编译质量高。其改进型 C++已成为面向对象程序设计语言。

Ada 是迄今为止最完善的面向过程的现代语言,适用于嵌入式计算机系统。它支持并发处理与过程间通信,支持异常处理的中断处理,并且支持通常由汇编语言实现的低级操作。Ada 是第一个充分体现软件工程思想的语言,它既可作为编码语言又可作为设计表达工具。

③ 专用语言。专用语言的特点是,具有为某种特殊应用而设计的独特的语法形式。一般来说,这类语言的应用范围比较狭窄。例如,APL 是为数组和向量运算设计的简洁、功能又很强大的语言,然而它几乎不提供结构化的控制结构和数据类型;FORTH 是为开发微处理机软件而设计的语言,它的特点是以面向堆栈的方式执行用户定义的函数,因此能提高速度和节省存储;LP 和 PROLOG 两种语言特别适合于人工智能领域的应用。

(2) 基于语言内在特点的高级语言分类。从语言的内在特点看,高级语言可以分为系统实现语言、静态高级语言、块结构高级语言和动态高级语言等 4 类。

① 系统实现语言是为了克服汇编程序设计的困难而从汇编语言发展起来的。这类语言

提供控制语句和变量类型检验等功能，但是同时也允许程序员直接使用机器操作。例如，C语言就是著名的系统实现语言。

② 静态高级语言给程序员提供某些控制语句和变量说明的机制，但是程序员不能直接控制由编译程序生成的机器操作。这类语言的特点是静态地分配存储。这种存储分配方法虽然方便了编译程序的设计和实现，但是对使用这类语言的程序员施加了较多限制。因为这类语言是第一批出现的高级语言，所以使用非常广泛。COBOL和FORTRAN是这类语言中的典型代表。

③ 块结构高级语言的特点是提供有限形式的动态存储分配，这种形式称为块结构。存储管理系统支持程序的运行，每当进入或退出程序块时，存储管理系统分配存储或释放存储。程序块是程序中界限分明的区域，每当进入一个程序块时就中断程序的执行，以便分配存储。ALGOL和PASCAL就属于这类语言。

④ 动态高级语言的特点是动态地完成所有存储管理，也就是说，执行个别语句可能引起分配存储或释放存储。一般地说，这类语言的结构与静态的或块结构的高级语言的结构不同，实际上这类语言中任何两种语言的结构彼此间也很少类似。这类语言一般是为特殊应用而设计的，不属于通用语言。

综上所述，从软件工程的观点来看，程序设计语言的分类可用图6-1简单表示，其中高级语言的分类可用图6-2表示。

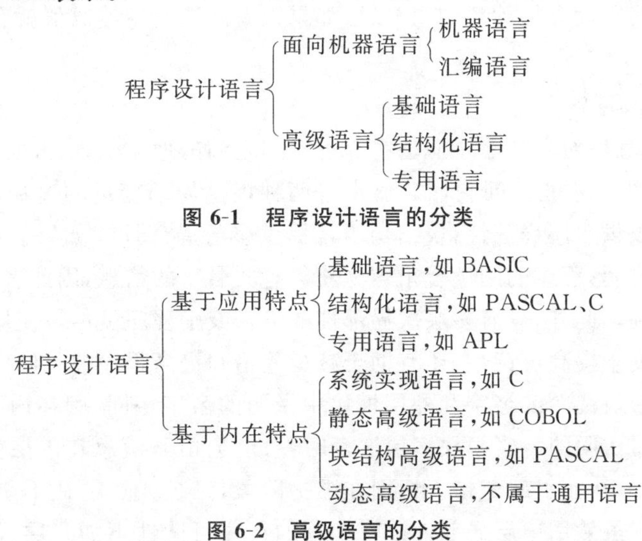

图6-1　程序设计语言的分类

图6-2　高级语言的分类

6.1.2　程序设计语言的特点

程序设计语言是人与计算机交流的媒介。软件工程师应该了解程序设计语言各方面的特点，以及这些特点对软件质量的影响，以便在需要为一个特定的开发项目选择语言时，能做出合理的选择。下面从几个不同方面简单说明程序设计语言的特点。

1. 名字说明

预先说明程序中使用的对象的名字，使编译程序能检查程序中出现的名字的合法性，从而能帮助程序员发现和改正程序中的错误。某些语言(如 FORTRAN 和 BASIC)并不要求用户显式地说明程序中所有对象的名字,第一次使用一个名字被看作是对这个名字的说明。然而在输入源程序时如果拼错了名字,特别是如果错输入的字符和预定要使用的字符非常相像(例如,字母 o 和数字 0,小写字母 l 和数字 1),那么因此而造成的错误是较难诊断的。

2. 类型说明

类型说明和名字说明是紧密相连的,通过类型说明用户定义了对象的类型,从而确定了该对象的使用方式。编译程序能够发现程序中对某个特定类型的对象使用不当的错误,因此有助于减少程序错误。规定必须预先说明对象的类型还有助于减少阅读程序时的歧义性。类型检查的概念最早是在 ALGOL60 中引入的,以后又显著地强化了这个概念,像 PASCAL 这样的程序设计语言,还允许用户定义与它们的特定应用有关的自己的类型,并且可以再用自己定义的类型说明其他程序对象。用户甚至可以定义记录、链表和二叉树等复杂的结构类型。程序设计语言中的类型说明不仅仅是一种安全措施,还是一种重要的抽象机制。对类型名字的定义使得用户可以引用某些复杂的实体,而不必考虑这些实体的表示方法。

3. 初始化

程序设计中最常见的错误之一是在使用变量之前没有对变量初始化,为减少发生错误的可能性,程序员应对程序中说明的所有变量初始化。另一个办法是在说明变量时由系统给变量赋一个特殊的表明它没有初始化的值,以后如果没有对这个变量赋值就企图使用它的值,系统会发出出错信号。

4. 程序对象的局部性

在程序设计中,程序对象的名字应该在靠近使用它们的地方引入,并且应该只有程序中真正需要它们的那些部分才能访问它们。通常有两种提供局部变量的途径,FORTRAN 等大多数系统实现语言提供单层局部性,块结构语言提供多层局部性。如果名字的特性在靠近使用这些名字的地方说明,程序的阅读者很容易获得有关名字的信息,因此多层次的局部性有助于提高程序的可读性。此外,具有多层次局部性的语言鼓励程序员尽量使用局部的对象(变量或常量),这不仅有助于提高可读性,还有助于减少差错和提高程序的可修改性。但是,在块结构语言中如果内层模块说明的名字和外层模块中说明的名字相同,则在内层模块中这些外层模块的对象变成不可访问的。当模块多层嵌套时,可能会由于疏忽在内层模块中说明了和外层模块中相同的名字,从而引起差错。特别在维护阶段,维护人员往往不是程序的设计者,更容易出现这种差错。虽然用单层局部性语言编写的程序可读性不如多层局部性的,但是却容易实现程序单元的独立编译。

5. 程序模块

块结构语言提供了控制程序对象名字可见性的手段,主要是在较内层程序块中说明的名字不能被较外层的程序块访问。此外,由于动态存储分配的原因,在两次调用一个程序块的间隔中不能保存局部对象的值。因此,即使是只有一两个子程序使用的对象,如果需要在两次调用这些子程序的过程中保存这个对象的值,也必须把这个对象说明成全过程的,也就是程序中所有子程序都可以访问的,然而这将增加维护时发生差错的可能性。从控制名字的可见性这个角度来说,块结构语言提供的机制是不完善的,需要某种附加的机制,以允许用户指定哪些局部名字可以从说明这些名字的程序块外面访问，还应该能够要求某个局部变量在两次调用包含它的程序块的过程中保存它的值。

6. 循环控制结构

最常见的循环控制结构有 FOR 语句(给定循环次数)、DO-WHILE 语句(每次进入循环体之前测试循环结束条件)和 REPEAT-UNTIL 语句(每执行完一次循环体测试循环结束条件)。但是，实际上有许多场合需要在循环体内任意一点测试循环结束条件，如果使用 IF-THEN ELSE 语句和附加的布尔变量实现这个要求，则将增加程序长度并降低程序的可读性。

7. 分支控制结构

IF 分支语句通常并不存在什么实际问题，但是多分支的 CASE 语句却可能存在下述两个问题：第一，如果 CASE 表达式取的值不在预先指定的范围内，则不能决定应该做的动作；第二，在某些程序设计语言中，由 CASE 表达式选定执行的语句，取决于所有可能执行的语句的排列次序，如果语句次序排错了，编译和运行时系统并不能发现这类错误。PASCAL 语言的 CASE 语句，用 CASE 表达式的值和 CASE 标号匹配的办法，选择应该执行的语句，从而解决了上述第二个问题。Ada 语言的 CASE 语句还进一步增加了补缺标号(OTHER)，从而也解决了上述第一个问题。

8. 异常处理

程序运行过程中发生的错误或意外事件称为异常。多数程序设计语言在检测和处理异常方面几乎没给程序员提供帮助，程序员只能使用程序设计语言提供的一般控制结构检测异常事件，并在发生异常时把控制转移到处理异常的程序段。但是，当程序中包含一系列子程序的嵌套调用时，并没有方便而又可靠的方法把出现异常的信息从一个子程序传送到另外的子程序。使用一般控制结构加布尔变量的方法，需要明显增加程序长度并且使程序的逻辑更为复杂。

9. 独立编译

独立编译是指能分别编译各个程序单元，然后再把它们集成为一个完整的程序。典型的，一个大程序由许多不同的程序单元(过程、函数、子程序或模块)组成。如果修改了其中任何一个程序单元都需要重新编译整个程序，则将大大增加程序开发、调试和维护的成本；反之，如果可以独立编译，则只需要重新编译修改了的程序单元，然后重新链接整个程序即可。由此可见，一个程序设计语言如果没有独立编译的机制，就不是适合软件工程需要的优秀语言。

6.1.3 程序设计语言的选择

在编写程序时，程序员都习惯于使用自己常用的语言，因而目前的计算机上所配备的程序设计语言越来越多。开发软件系统时必须做出的一个重要抉择是，使用什么样的程序设计语言实现这个系统。适宜的程序设计语言能使编程容易、测试程序量少、阅读和维护程序容易。由于软件系统的绝大部分成本用在软件生存周期的测试和维护阶段，所以易测试和易维护尤其重要。

使用汇编语言编程需要把软件设计翻译成机器操作的序列，由于这两种表示方法很不相同，因此汇编程序设计既困难又容易出差错。一般来说，高级语言的源程序语句和汇编代码指令之间有一句对多句的对应关系。统计资料表明，程序员在相同时间内可以写出的高级语言语句数和汇编语言指令数大体相同，因此用高级语言编写程序比用汇编语言编写程序生产率可以提高好几倍。高级语言一般都允许用户给程序变量和子程序赋予含义鲜明的名字，通过名字很容易把程序对象和它们所代表的实体联系起来。此外，高级语言使用的符号和概念更符合人类的自然语言习惯。因此，用高级语言书写的程序可阅读性、可测试性、可调试性和可维护性强。

总的来说，高级语言明显优于汇编语言。因此，除了在很特殊的应用领域（例如，对程序执行时间和使用的空间都有很严格限制的情况；需要产生任意的甚至非法的指令序列；体系结构特殊的微处理机，以致在这类机器上通常不能实现高级语言编译程序等），都应该采用高级语言编程。

在选择与评价语言时，首先要从问题入手，确定它的要求是什么，这些要求的相对重要性如何，再根据这些要求和相对重要性来衡量能采用的语言。可以参照以下标准来选择语言。

1. 理想标准

（1）应该有理想的模块化机制，以及可读性好的控制结构和数据结构，以使程序容易测试和维护，同时减少软件生存周期的总成本。

（2）应该使编译程序能够尽可能多地发现程序中的错误，以便于调试和提高软件的可靠性。

（3）应该有良好的独立编译机制，以降低软件开发和维护的成本。

2. 实践标准

（1）语言自身的功能。从应用领域角度考虑，各种语言都有自己的适用领域，如在科学计算领域，FORTRAN 占优势，PASCAL 和 BASC 也常用；在事务处理方面，COBOL 和 BASIC 占优势；在系统软件开发方面，C 语言占优势，汇编语言也常用；在信息管理、数据库操作方面，SQL 和 Visual Foxpro、Oracle 等占优势。从算法与计算复杂度角度考虑，FORTRAN、BASIC 及各种现代语言都能支持较复杂的计算与算法，而 COBOL 及大多数数据库语言只能支持简单的运算。从数据结构的复杂度角度考虑，PASCAL 和 C 语言都支持数组、记录（在 C 语言中称为结构）与带指针的动态数据结构，适合于编写系统程序和需要复杂数据结构的应用程序，而 BASIC 和 FORTRAN 等语言只能提供简单的数据结构——数组。从系统效率的角度考虑，有些实时应用要求系统具有快速的响应速度，此时可选用汇编语言或 Ada 语言或 C 语言。

（2）系统用户的要求。如果所开发的系统由用户自己负责维护，通常应该选择他们熟悉的语言来编写程序。

（3）编程和维护成本。选择合适的程序设计语言可大大降低程序的编程量及日常维护工作中的困难程度，从而使编程和维护成本降低。

（4）软件的兼容性。虽然高级语言的适应性很强，但不同机器上所配备的语言可能不同。另外，在一个软件开发系统中可能会出现各子系统之间或主系统与子系统之间所采用的机器类型不同的情况。

(5) 可以使用的软件工具。有些软件工具,如文本编辑、交叉引用表、编码控制系统及执行流分析等工具,在支持程序过程中将起着重要作用,这类工具决定所选用的具体的程序设计语言是否可用,以及目标系统是否容易实现和测试。

(6) 软件可移植性。如果系统的生存周期比较长,则应选择一种标准化程度高、程序可移植性好的程序设计语言,以使所开发的软件将来能够移植到不同的硬件环境下运行。

(7) 开发系统的规模。如果开发系统的规模很大,而现有的语言又不完全适用,那么就要设计一个能够实现这个系统的专用的程序设计语言。

(8) 程序员的知识水平。在选择语言时还要考虑程序员的知识水平,即他们对语言掌握的熟练程度及实践经验。

6.2 编程风格

编程风格又称为程序设计风格,而编程风格实际上指编程的基本原则。在相当长的一段时间内,认为程序只是提供给机器执行的,而不是供人阅读的,所以只要程序逻辑正确,能为机器理解并依次执行就足够了,至于文体如何无关紧要。但随着软件规模增大,复杂性增加,人们逐渐认识到在软件生存周期中需要经常阅读程序,特别是在软件测试阶段和维护阶段,编写程序的人与参与测试、维护的人都要阅读程序。阅读程序是软件开发和维护过程中的一个重要组成部分,而且读程序的时间比写程序的时间还要多。因此,程序的可阅读性和可理解性非常重要。

20世纪70年代初,软件行业提出了程序的风格概念。在编写程序时,应当意识到今后会有人反复阅读这个程序,并沿着自己的思路去理解程序的功能。所以应当在编写程序时注意程序的风格,这将大量地减少阅读程序的时间。编程的目标从强调效率转变为强调清晰,即清晰第一、效率第二的原则。良好的编程风格能在一定程度上弥补语言存在的缺陷,而如果不注意编程风格就很难写出高质量的程序。尤其在设计大型软件时,由多个程序员合作编写程序时,需要强调良好而一致的编程风格,以便相互通信,减少因不协调而引起的问题。总之,良好的编程风格有助于编写出可靠而又易维护的程序,编程风格在很大程度上决定了程序的质量。本节主要讨论与编程风格有关的因素。

6.2.1 源程序文档化

(1) 标识符应按意取名。

(2) 程序应加注释。注释是程序员与日后读者之间通信的重要工具,用自然语言或伪码描述。它说明了程序的功能,特别在维护阶段,对理解程序提供了明确指导。注释分序言性注释和功能性注释。

1. 序言性注释

序言性注释应置于每个模块的起始部分,主要内容如下。

(1) 说明每个模块的用途、功能。

(2) 说明模块的接口：调用形式、参数描述及从属模块的清单。

(3) 数据描述：重要数据的名称、用途、限制、约束及其他信息。

(4) 开发历史：设计者、审阅者姓名及设计、审阅日期，修改说明及修改日期。

2. 功能性注释

功能性注释嵌入在源程序内部，说明程序段或语句的功能以及数据的状态。编写功能性注释应注意以下几点：

(1) 注释是用来说明程序段的，而不是每一行程序都要加注释；

(2) 使用空行或缩格或括号，以便很容易区分注释和程序；

(3) 修改程序也应修改对应注释。

6.2.2 数据说明

为了使数据定义更易于理解和维护，有以下指导原则：

(1) 数据说明顺序应规范，使数据的属性更易于查找，从而有利于测试、纠错与维护。例如，按以下顺序：常量寿命、类型说明、全程量说明、局部量说明。

(2) 一个语句说明多个变量时，各变量名按字典序排列。

(3) 复杂的数据结构要加注释，说明在程序实现时的特点。

6.2.3 语句构造

语句构造的原则是：简单直接，不能为了追求效率而使代码复杂化。为了便于阅读和理解，不要一行多个语句。不同层次的语句采用缩进形式，使程序的逻辑结构和功能特征更加清晰。要避免复杂的判定条件，避免多重的循环嵌套。表达式中使用括号以提高运算次序的清晰度等。

6.2.4 输入和输出

在编写输入和输出程序时考虑以下原则：

(1) 输入操作步骤和输入格式尽量简单；

(2) 应检查输入数据的合法性、有效性，报告必要的输入状态信息及错误信息；

(3) 当输入一批数据时，使用数据或文件结束标志，而不要用计数来控制；

(4) 当采用交互式输入时，提供可用的选择和边界值；

(5) 当程序设计语言有严格的格式要求时，应保持输入格式的一致性；

(6) 输出数据表格化、图形化。

输入/输出风格还受其他因素的影响，如输入/输出设备、用户经验及通信环境等。

6.3　程序效率

程序的高效率，即用尽可能短的时间及尽可能少的存储空间实现程序要求的所有功能，是程序设计追求的主要目标之一。

一个程序效率的高低取决于多种因素，主要包括需求分析阶段模型的生成、设计阶段算法的选择和编码阶段语句的实现。

6.3.1　程序效率的准则

程序效率是指程序的执行速度及程序所需占用内存的存储空间。

程序效率的准则为：

(1) 效率是一个性能需求，应当在需求分析阶段定义；

(2) 软件效率以需求为准，不应以人力所及为准；

(3) 良好的设计可以提高效率；

(4) 程序效率与程序的简单性相关。

6.3.2　算法对效率的影响

源程序的效率与详细设计阶段确定的算法的效率直接相关。在详细设计翻译转换成源程序代码后，算法效率反映为程序的执行速度和存储容量的要求。

(1) 在编写程序前，尽可能化简有关的算术表达式和逻辑表达式；

(2) 仔细检查算法中嵌套的循环，尽可能将某些语句或表达式移到循环外面；

(3) 尽量避免使用多维数组；

(4) 尽量避免使用指针和复杂的表；

(5) 不要混淆数据类型，避免在表达式中出现类型混杂；

(6) 尽量采用整数算术表达式和布尔表达式；

(7) 选用等价的高效率算法。

6.3.3　存储效率

对内存采取基于操作系统的分页功能的虚拟存储管理，给软件提供了巨大的逻辑地址空间。

采用结构化程序设计，将程序功能合理分块，使每个模块或一组密切相关模块的程序体积大小与每页的容量相匹配，可减少页面调度，减少内外存交换，提高存储效率。选择可生成较短目标代码且存储压缩性能优良的编译程序，有时需采用汇编程序。提高存储效率的关键是程序的简单性。

6.3.4 输入/输出效率

输入/输出效率分为两种类型：一种是面向人(操作员)的输入/输出效率；一种是面向设备的输入/输出效率。

如果操作员能够十分方便、简单地输入数据，能够十分直观、一目了然地了解输出信息，则面向人的输入/输出是高效的。

面向设备的输入/输出效率分析起来比较复杂。从详细设计和程序编写的角度来说，可以提出一些提高输入/输出效率的指导性原则：

(1) 输入/输出的请求应当最小化；

(2) 对于所有的输入/输出操作，安排适当的缓冲区，以减少频繁的信息交换；

(3) 对辅助存储设备(如磁盘)，选择尽可能简单的存取方法；

(4) 对辅助存储的输入/输出，应当成块传送；

(5) 对终端或打印机的输入/输出，应考虑设备特性，尽可能改善输入/输出的质量和速度；

(6) 任何不易理解的，对改善输入/输出效果关系不大的措施都是不可取的；

(7) 任何不易理解的所谓“超高效”的输入/输出是毫无价值的；

(8) 好的程序设计风格明显改善输入/输出效率。

6.4 冗余编程及容错技术

6.4.1 冗余编程

冗余(redundancy)是指所有对于实现系统规定功能来说是多余的那部分资源，包括硬件、软件、信息、时间。它是改善系统可靠性的一种重要技术手段。

硬件冗余有并行冗余和备用冗余。对于一个系统，提供两套或更多的设备，使之并行工作，这种方式称为并行冗余，也称为热备用或主动式冗余。另一种情况是，如果提供多套的硬件资源，但是只有一套资源在运行，只有当它出现故障时，才启用备用资源，该方式称为备用冗余，也称为冷备用或被动式冗余。

使用冗余技术可以大大提高系统运行的可靠性。例如，单个元件的可靠性为80%，则它发生故障的概率为20%，如果两个元件相互独立地并行工作，则只有当两个元件都失效时系统才会失败，系统失败的概率为4%(0.2×0.2)，可靠性提高到了96%。

但是，对于软件系统不能简单照搬硬件冗余的情况。因为如果运行两个功能一样且程序一样的系统，则一个软件上的任何错误都会在另一个软件上出现。因此，在冗余软件设计时，必须设计出功能相同但算法和设计不同的源程序。

6.4.2 软件容错技术

软件系统的应用十分广泛，航空航天、军事、银行监管系统、交通运输系统以及其他重要的工业领域对软件的可靠性要求非常高。系统出现故障不仅会导致财产的重大损失，还会危及人身安全。因此，系统的可靠性越来越受到重视。

一般而言，提高系统的可靠性有两种有效的方法。一种是避错(fault-avoidance)，就是避免出现故障，即在软件开发的过程中不让错误潜入软件的技术。这主要体现在提高软件的质量管理，采用先进的软件分析技术和开发方法。但即使这样，由于各种因素的影响总避免不了出现故障，这就要求在系统出现故障的情况下容忍故障的存在，即第二种方法——容错(fault-tolerance)技术。

容错技术最早由约翰·冯·诺依曼(John von Neumann)提出。所谓容错是指在出现一个或者几个硬件或软件方面的故障或错误的情况下，计算机系统能够检测出故障的存在并采取措施以容忍故障，不影响正常工作，或者在能够完成规定任务的情况下降级运行。

1. 容错软件的定义

容错软件具有以下四层含义：

(1) 对自身的错误具有屏蔽作用；

(2) 可以从错误状态恢复到正常状态；

(3) 发生错误时，能在一定程度上完成预期的功能；

(4) 在一定程度上具有容错能力。

2. 容错技术主要方法

实现容错的主要技术手段是冗余，由于加入了冗余资源，系统的可靠性有可能得到较大的提高。按实现冗余的类型，通常冗余技术分为4类：结构冗余、信息冗余、时间冗余和冗余附加技术。

1) 结构冗余

结构冗余是最常用的冗余技术。按其工作方式，结构冗余又有静态冗余、动态冗余和混合冗余三种。

静态冗余也称为被动冗余，通过冗余结果的表决和比较来屏蔽系统出现的错误。静态冗余常见的形式是三模冗余(TMR)，其基本原理是：系统输入通过3个功能相同的模块处理，将产生的3个结果送到多路表决器进行表决，即采取三中取二的原则，如果模块中有一个出错，而另外两个模块正常，则表决器的输出正确，从而可以屏蔽一个故障，如图6-3所示。

TMR的缺点是：如果3个模块的输出各不相同，则无法进行多数表决；若有两个模块出现一致的故障，则表决的结果会出现错误。

动态冗余是指系统连接一个参与工作的主模块，同时准备若干个备用模块，当系统检测到工作的主模块出现故障时，就切换到一个备用的模块，当换上的备用模块又发生故障时，再切换到另一个备用模块，依次类推，如图6-4所示。

混合冗余是静态冗余和动态冗余的结合。通常有N个模块并行工作并进行多数表决，组成静态冗余，有M个模块作为动态冗余中的备用模块，当参与表决的一个并行模块出现故障时就用一个备用模块来替换，以维持静态冗余系统的完整性，如图 6-5 所示。

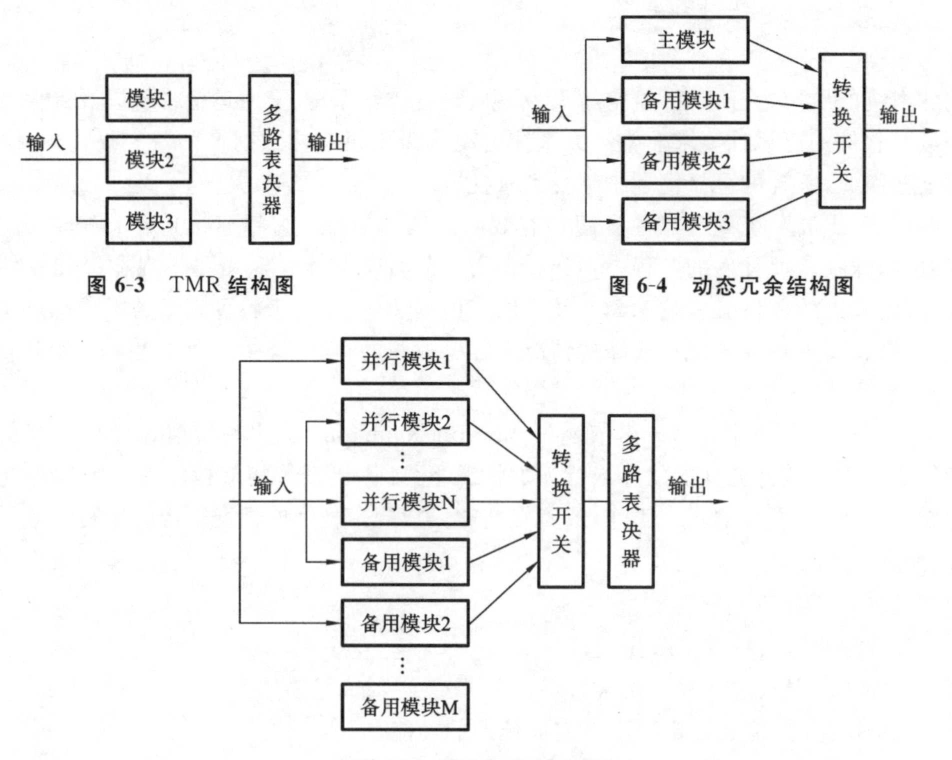

图 6-3　TMR 结构图

图 6-4　动态冗余结构图

图 6-5　混合冗余结构图

2）信息冗余

信息冗余是通过在数据中附加冗余的信息位来达到故障检测和容错的目的。通常情况下，附加的信息位越多，其检错纠错的能力就越强，但是这同时也增加了复杂度和难度。信息冗余最常见的有检错码和纠错码。检错码只能检查出错误的存在，不能改正错误，而纠错码能检查出错误并纠正错误。常用的检错纠错码有奇偶校验码、海明码、循环码等。

3）时间冗余

时间冗余的基本思想是：重复执行指令或者一段程序来消除故障的影响，以达到容错的效果，它是用消耗时间来换取容错的目的。根据执行的是一条指令还是一段程序，分成以下两种方法。

一种是指令复执。当检测出故障的时候，重复执行又称为复执故障指令，故障若是瞬时的，则在指令复执期间可能不会出现，程序就可以继续向前运行。

另一种是程序返(卷)回。它不是重复执行一条指令，而是重复执行一小段程序。在整段程序中可以设置多个恢复点，程序有错误的情况下可以从一个个恢复点处开始重复执行程序。首先检验一小段程序的计算结果，若结果出现错误，则返回再重复执行这个部分，若一次返回不能解决，可以多次返回，直到故障消除。

4）冗余附加技术

冗余技术实际上是对硬件、程序、指令、数据等资源进行的冗余储备，所有这些冗余资源和技术统称为冗余附加技术。容错目的不同，实现冗余附加技术的侧重点不同。

以屏蔽硬件错误为目的的冗余附加技术包括：

(1) 关键程序和数据的冗余存储和调用；

(2) 检测、表决、切换、重构、纠错和复算的实现。

以屏蔽软件错误为目的的冗余附加技术包括：

(1) 各自独立设计的功能相同的冗余备份程序的存储及调用；

(2) 错误检测程序及错误恢复程序；

(3) 为实现容错软件所需的固化程序。

3. 容错软件的设计过程

容错软件的设计过程如图 6-6 所示。

图 6-6 容错软件的设计过程

(1) 按设计任务要求进行常规设计，尽量保证设计结果正确，不能把希望寄托在容错上。

(2) 根据系统的工作环境对可能出现的错误分类，确定实现容错的范围。例如，对于硬件的瞬时错误可以采用指令复执或程序复算；对于永久性错误，则采用备份替换或系统重构方式。对于软件来说，只有最大限度地找到发生错误的原因和规律，才能正确地判断和分类，实现成功容错。

(3) 按照“成本-效益”最优的原则，选用某种冗余手段(结构、信息、时间)来实现对各类错误的屏蔽。

(4) 分析验证上述冗余结构的容错效果。如果没有达到预期效果，则应重新进行冗余设计，直到冗余效果满意为止。

6.5 程序复杂性的度量

程序复杂性主要指模块内程序的复杂性。它直接关系到软件开发费用的多少、开发周期的长短和软件内部错误的多少。程序的复杂性是进行成本核算和任务分配的依据。

程序复杂性度量的参数主要有以下几个。

规模：程序指令条数或源程序行数。

难度：与程序操作数和操作符有关的度量。

结构：与程序分支或循环数有关的度量。

智能度：算法的难易程度。

目前，常用的程序复杂性度量方法为代码行度量法和 McCabe 度量法。

6.5.1 代码行度量法

度量程序的复杂性，最简单的方法就是统计程序的源代码行数。

程序复杂性随着程序规模的增加呈不均衡的增长；对于少于 100 个语句的小程序，源代码行数与出错率是线性相关的。随着程序的增大，出错率以指数级方式增长。

控制程序规模的方法最好采用分而治之的办法，即将一个大程序分解成若干个简单的可理解的程序段。

为了使程序规模的估计值更接近实际值，可采用代码行估算技术。可以由多名软件工程师分别作出估计，每个人都估计代码行的最小值(a)、最大值(b)和最可能值(m)，分别算出这 3 种规模的平均值，再用加权方法计算程序代码行的估计值：

$$L=\frac{\bar{a}+4\bar{m}+\bar{b}}{6}$$

对于复杂的大型项目，可以把项目划分为若干个功能，分别估算每个功能的代码长度，所有功能代码行之和即项目的代码长度。

6.5.2 McCabe 度量法

McCabe 度量法又称为环路复杂性度量法，是一种基于程序控制流的复杂性度量方法。该方法认为程序的复杂性很大程度上取决于程序图中环路的个数，人们通常使用流图(也称为程序图)来计算程序中的环路。

流图是退化的程序流程图，其退化过程是将程序流程图中的每个处理都退化成一个节点，将连接不同处理符号的流线转换成连接不同节点的有向弧(边)，如图 6-7 所示。

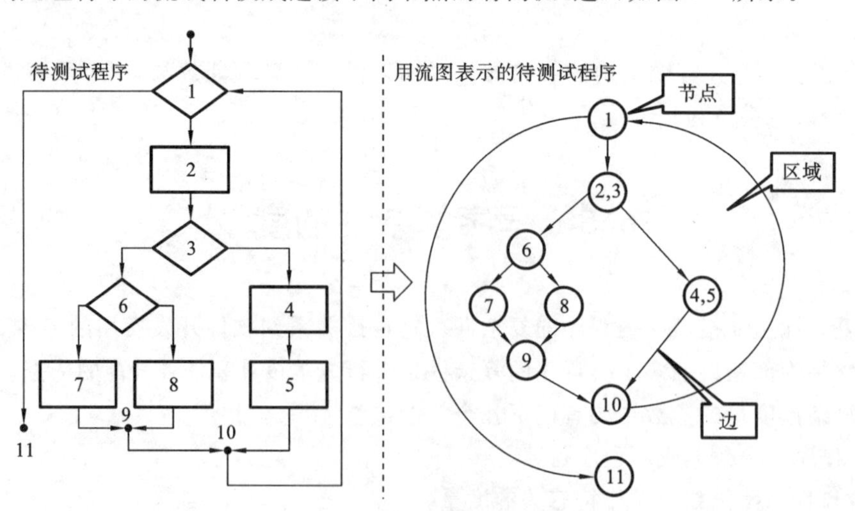

图 6-7　把程序流程图映射成流图

在程序流程图映射成流图后，有 3 种计算环路复杂度的方法。

(1) 由有向弧数和节点数计算：V(G)＝m－n＋2。

其中，V(G)是有向图G中环路个数，m是图G中弧数，n是图G中节点数。图6-7中环路复杂度V(G)=11−9+2=4。

(2) 由判定点数计算：V(G)=P+1。

其中，P为判定点个数。图6-7中，共有节点①、节点(2,3)和节点⑥3个判定点，所以环路复杂度V(G)=3+1=4。

(3) 用封闭区数计算：V(G)=有界封闭区个数+无界封闭区个数。

图6-7中有3个有界区域和1个无界区域，因此环路复杂度V(G)=3+1=4。

说明：

(1) 环路复杂度取决于程序控制结构的复杂度。当程序的分支或循环数目增加时其复杂度也增加。

(2) McCabe环路复杂度隐含的前提是：错误与程序的判定加上子程序的调用数目成正比。

(3) 环路复杂度是可加的，即两个模块的复杂度等于两个模块复杂度之和。

(4) McCabe建议，对于复杂度超过10的程序，应分成几个小程序，以减少程序中的错误。

McCabe度量法的缺点是：

(1) 对于不同种类的控制流的复杂性不能区分；

(2) 将简单IF语句与循环语句的复杂性同等看待；

(3) 嵌套IF语句与简单CASE语句的复杂性是一样的；

(4) 把模块间接口当成一个简单分支一样处理；

(5) 一个具有1000行的顺序结构程序与1行语句的复杂性相同。

习　题　6

一、填空题

1. 程序设计语言的特性主要有______、______、______三方面。

2. 程序设计语言的心理特性在语言中的表现形式为______。

3. 程序设计语言的工程特性主要表现为______。

4. 项目的应用领域一般有______类型。

5. 与编程风格有关的因素有数据说明、语句构造、输入/输出、效率等，其中还有一个重要的因素是______。

二、简答题

1. 在项目开发时，选择程序设计语言通常考虑哪些因素？

2. 什么是程序设计风格？应在哪些方面注意培养良好的设计风格？

3. 什么是容错技术？容错技术的主要实现方法有哪些？

4. 什么是程序复杂度？度量程序复杂度的方法有哪些？

第7章　面向对象的方法

对一个系统的认识是一个渐进过程，是在继承了以往的有关知识的基础上、多次往复迭代并逐步深化而形成的。在这种过程中，既包括从一般到特殊的演绎，也包括从特殊到一般的归纳。而目前用于分析、设计和实现一个软件系统的过程基本上采用瀑布模型，即后一步是实现前一步所提出的需求，或者是进一步发展前一步所得出的结果。因此，当越接近系统设计或实现的完成时，对系统设计或实现的前期的结果做修改就越困难，成本也越高，而且往往在系统设计的后期才能发现在前期所形成的一些差错。当系统越大、问题越复杂时，由于这种对系统的认识过程和对系统的设计或实现过程不一致所引起的问题也就越大。

为了解决上述问题，就应使分析、设计和实现一个系统的方法尽可能地接近认识一个系统的方法。换言之，就是应使描述问题的问题空间和解决问题的方法空间在结构上尽可能地一致。也就是使分析、设计和实现系统的方法学原理与认识客观世界的过程尽可能地一致，尽可能按照人类认识世界的方法和思维方式来分析和解决问题，这也就是面向对象方法学的出发点和所追求的基本原则。

7.1　面向对象方法

7.1.1　面向对象方法概述

面向对象不仅是一些具体的软件开发技术与策略，还是一整套关于如何看待软件系统与现实世界的关系，以什么观点来研究问题并进行求解，以及如何构造系统的软件方法学。而面向对象软件开发方法是一种运用对象、类、继承、封装、聚合、消息传送、多态性等概念来构造系统的软件开发方法。

面向对象方法的基本思想是，从现实世界中客观存在的事物出发来构造软件系统，并在系统构造中尽可能运用人类的自然思维方式。开发一个软件是为了解决某些问题，这些问题所涉及的业务范围称为该软件的问题域。面向对象方法强调直接以问题域（现实世界）中的事物为中心来思考问题、认识问题，并根据这些事物的本质特征，把它们抽象地表示为系统中的对象，作为系统的基本构成单位，而不是用一些与现实世界中的事物相差较远，并且没有对应关系的其他概念来构造系统。面向对象方法可以使系统直接地映射问题域，保持问题域中事物及其相互关系的本来面貌。另外，软件开发方法应该是与人类在长期进化过程中形成的各种行之有效的思想方法相适应的思想理论体系。但是，较早出现的软件开发方法只是建立在自身独有的概念、符号、规则、策略的基础之上，这说明当时的软件技术处于初步时期的结构化方法，该方法采用了许多符合人类思维习惯的原则与策略（如自顶向下、逐步求精）。面向对象方法更加强调运用人类在日常的逻辑思维中经常采用的思想方法与原则，如抽象、分类、继承、聚合、封装等，这就使得软件开发者能更有效地思考问题，并以易懂的方式把自己的认识表达出来。

面向对象方法具有以下主要特点：

(1) 从问题域中客观存在的事物出发来构造软件系统，把对象作为对这些事物的抽象表示，并以此作为系统的基本构成单位。

(2) 事物的静态特征是可以用一些数据来表达的特征，可以用对象的属性表示，事物的动态特征(即事物的行为)用对象的服务(或操作)表示。

(3) 对象的属性与服务结合为一个独立的实体，对外屏蔽其内部细节，称为封装。

(4) 把具有相同属性和相同服务的对象归为一类，类是这些对象的抽象描述，每个对象是类的一个实例。

(5) 通过在不同程度上运用抽象的原则，可以得到较一般的类和较特殊的类。特殊类继承一般类的属性与服务，面向对象方法支持对这种继承关系的描述与实现，从而简化系统的构造过程及其文档。

(6) 复杂的对象可以由简单的对象构成，称为聚合。

(7) 对象之间通过消息进行通信，以实现对象之间的动态联系。

(8) 通过关联表达对象之间的静态关系。

从以上几点可以看出，在用面向对象方法开发的系统中，以类的形式进行描述并通过对类的引用而创建的对象是系统的基本构成单位。这些对象对应问题域中的各个事物，它们的属性与服务刻画了事物的静态特征和动态特征。对象类之间的继承关系、聚合关系、消息和关联表达了问题域中事物之间实际存在的各种关系。因此，无论是系统的构成成分，还是通过这些成分之间的关系而体现的系统结构都可以直接地映射问题域。

7.1.2 面向对象的概念

1. 面向对象的基本概念

1) 对象

对象是人们要进行研究的任何事物，从最简单的整数到复杂的飞机等均可看作对象，它不仅能表示具体的事物，还能表示抽象的规则、计划或事件，主要有如下的对象类型。

① 有形实体。指一切看得见、摸得着的实物，如计算机、机房、机器人、工件等，这些都属于有形实体，也是最容易识别的对象。

② 作用。指人或组织所起的作用，如医生、教师、学生、工人、公司、部门等。

③ 事件。在特定时间所发生的事，如飞行、演出、事故、开会等。

④ 性能说明。厂商对产品性能的说明，如产品名字、型号、各种性能指标等。

对象不仅能表示结构化的数据，而且能表示抽象的事件、规则以及复杂的工程实体。因此，对象具有很强的表达能力和描述功能。

2）对象的状态和行为

对象具有状态。一个对象用数据值来描述它的状态，如某个具体的学生张三，他的姓名、年龄、性别、家庭地址、学历、所在学校等，用这些数据值来表示具体情况。

对象还有操作，用于改变对象的状态，对象及其操作就是对象的行为。如某个工人经过“增加工资”的操作后，他的工资额就会发生变化。

对象实现了数据和操作的结合，使数据和操作封装于对象的统一体中。对象内的数据具有自己的操作，从而可灵活地专门描述对象的独特行为，具有较强的独立性和自治性，其内部状态不受或很少受外界的影响，具有很好的模块化特点，为软件重用奠定了坚实的基础。

3）类

具有相同或相似性质的对象的抽象就是类。因此，对象的抽象是类，类的具体化就是对象，也可以说类的实例是对象。

类具有属性，它是对象状态的抽象，用数据结构来描述类的属性。

类具有操作，它是对象行为的抽象，用操作名和实现该操作的方法来描述。

例如，人、教师、学生、公司、长方形、工厂、窗口等都是类的例子。每个人都有年龄、性别、名字、正在从事的工作，这些就是人这个类的属性。而“画长方形”“显示长方形”则是长方形这个类具有的操作。对象和类之间的关系如图 7-1 所示。

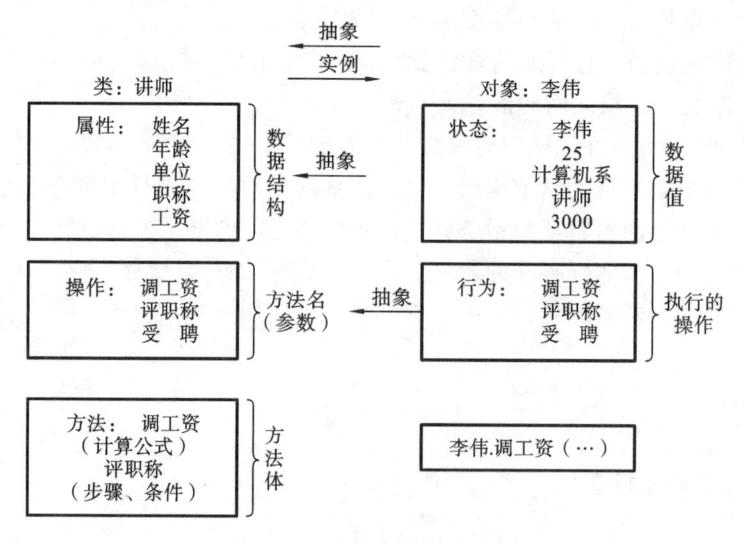

图 7-1 对象、类和消息传递

4）类的结构

在客观世界中有若干类，这些类之间有一定的结构关系。通常有两种主要的结构关系，即一般-具体结构关系和整体-部分结构关系。

① 一般-具体结构称为分类结构，也可以说是“包含”关系，或者是“is a”关系。例如，汽车和交通工具都是类，它们之间的关系是一种“包含”关系，汽车“是一种”交通工具。类的这种层次结构可用来描述现实世界中的一般化的抽象关系，通常越在上层的类越具有一般性和共性，越在下层的类越具体、越细化。

② 整体-部分结构称为组装结构，它们之间的关系是一种“与”关系，或者是“has”关系。

例如，汽车和发动机都是类，它们之间是一种“与”关系，汽车“有一个”发动机。类的这种层次关系可用来描述现实世界中类的组成的抽象关系。上层的类具有整体性，下层的类具有成员性。

在类的层次结构中，通常上层类称为父类或超类，下层类称为子类。

5）消息和方法

对象之间进行通信的构造称为消息。在对象的操作中，当一个消息发送给某个对象时，消息包含接收对象去执行某种操作的信息。接收消息的对象经过解释，然后给予响应。这种通信机制称为消息传递。发送一条消息至少要包含说明接收消息的对象名、发送给该对象的消息名(即对象名.方法名)，一般还要对参数加以说明，参数可以是认识该消息的对象所知道的变量名，或者是所有对象都知道的全局变量名。

类中操作的实现过程称为方法，一个方法有方法名、参数、方法体。当一个对象接收一个有相同或相似性质的对象的抽象就是类。因此，对象的抽象是类，类的具体化就是对象，也可以说类的实例是对象。

类具有属性，它是对象状态的抽象，用数据结构来描述类的属性。

类具有操作，它是对象行为的抽象，用操作名和实现该操作的方法来描述。

2. 面向对象的特征

1）对象唯一性

每个对象都有自身唯一的标识，通过这种标识，可找到相应的对象。在对象的整个生命周期中，它的标识都不改变，不同的对象不能有相同的标识。

2）分类性

分类性是指将具有一致的数据结构(属性)和行为(操作)的对象抽象成类。一个类就是这样一种抽象，它反映了与应用有关的重要性质，而忽略其他一些无关内容。任何类的划分都是主观的，但必须与具体的应用有关。

3）继承性

继承性是子类自动共享父类数据结构和方法的机制，这是类之间的一种关系。当定义和实现一个类的时候，可以在一个已经存在的类的基础之上来进行，把这个已经存在的类所定义的内容作为自己的内容，并加入若干新的内容。

继承性是面向对象程序设计语言不同于其他语言的最重要的特点，是其他语言所没有的。在类层次中，子类只继承一个父类的数据结构和方法，则称为单重继承；子类继承了多个父类的数据结构和方法，则称为多重继承。

在软件开发中，类的继承性使所建立的软件具有开放性、可扩充性，这是信息组织与分类的行之有效的方法，它简化了对象、类的创建工作量，增加了代码的可重性。

采用继承性，提供了类的规范的等级结构。通过类的继承关系，公共的特性得以共享，提高了软件的重用性。

4）多态性(多形性)

多态性是指相同的操作或函数、过程可作用于多种类型的对象上并获得不同的结果。不同的对象，收到同一消息可以产生不同的结果，这种现象称为多态性。

多态性允许每个对象以适合自身的方式去响应共同的消息。

多态性增强了软件的灵活性和重用性。

3. 面向对象的要素

1) 抽象

抽象是指强调实体的本质、内在的属性。在系统开发中，抽象是指在决定如何实现对象之前的对象的意义和行为。使用抽象可以尽可能避免过早考虑一些细节。

类实现了对象的数据(即状态)和行为的抽象。

2) 封装性(信息隐藏)

封装性是保证软件部件具有优良的模块性的基础。

面向对象的类是封装良好的模块，类定义将其说明(用户可见的外部接口)与实现(用户不可见的内部实现)显式地分开，其内部实现按其具体定义的作用域提供保护。

对象是封装的最基本单位。封装防止了程序相互依赖性而带来的变动影响。面向对象的封装比传统语言的封装更为清晰、更为有力。

3) 共享性

面向对象技术在不同级别上促进了共享。

(1) 同一类中的共享。同一类中的对象有着相同的数据结构。这些对象之间是结构、行为特征的共享关系。

(2) 在同一应用中共享。在同一应用的类层次结构中，存在继承关系的各相似子类中，存在数据结构和行为的继承，使各相似子类共享共同的结构和行为。使用继承来实现代码的共享，这也是面向对象的主要优点之一。

(3) 在不同应用中共享。面向对象不仅允许在同一应用中共享信息，还为未来目标的可重用设计准备了条件。通过类库这种机制和结构来实现不同应用中的信息共享。

7.1.3 面向对象的开发方法

目前，面向对象开发方法的研究已日趋成熟，国际上已有不少面向对象产品出现。面向对象开发方法有 Booch 方法、Coad 方法和 OMT 方法等。

1. Booch 方法

Booch 最先描述了面向对象的软件开发方法的基础问题，指出面向对象开发是一种根本不同于传统的功能分解的设计方法。面向对象的软件分解更接近人对客观事务的理解，而功能分解只通过问题空间的转换来获得。

2. Coad 方法

Coad 方法是 1989 年 Coad 和 Yourdon 提出的面向对象开发方法。该方法的主要优点是通过多年来大系统开发的经验与面向对象概念的有机结合，在对象、结构、属性和操作的认定方面，提出了一套系统的原则。该方法完成了从需求角度进一步进行类和类层次结构的认定。尽管 Coad 方法没有引入类和类层次结构的术语，但事实上已经在分类结构、属性、操作、消息关联等概念中体现了类和类层次结构的特征。

3. OMT 方法

OMT 方法是 1991 年由 James Rumbaugh 提出来的，其经典著作为《面向对象的建模与设计》。

该方法是一种新兴的面向对象的开发方法，开发工作的基础是对真实世界的对象建模，然后围绕这些对象使用分析模型来进行独立于语言的设计，面向对象的建模和设计促进了对需求的理解，有利于开发更清晰、更容易维护的软件系统。该方法为大多数应用领域的软件开发提供了一种实际的、高效的保证，努力寻求一种问题求解的实际方法。

4. UML 语言

软件工程领域在1995—1997年取得了前所未有的进展，其成果超过软件工程领域过去15年的成就总和，其中最重要的成果之一就是统一建模语言(unified modeling language, UML)的出现。UML是面向对象技术领域内占主导地位的标准建模语言。

UML不仅统一了Booch方法、Coad方法、OMT方法的表示方法，而且推动其进一步发展，最终统一为大众接受的标准建模语言。UML是一种定义良好、易于表达、功能强大且普遍适用的建模语言。它融入了软件工程领域的新思想、新方法和新技术。它的作用域不限于支持面向对象的分析与设计，还支持从需求分析开始的软件开发全过程。

7.2　面向对象的模型

7.2.1　对象模型

对象模型表示了静态的、结构化的系统数据性质，描述了系统的静态结构，它是从客观世界实体的对象关系角度来描述，表现了对象的相互关系。该模型主要关心系统中对象的结构、属性和操作，使用了对象图的工具来刻画，它是分析阶段三个模型的核心，也是其他两个模型的框架。

1. 对象和类

1）对象

对象建模的目的就是描述对象。对象有两种用途：一是促进对客观世界的理解；二是为计算机实现提供实际基础。把问题分解为若干对象，这依赖于对问题的判断和问题的性质。对象的符号属性表示如图7-2(a)所示。

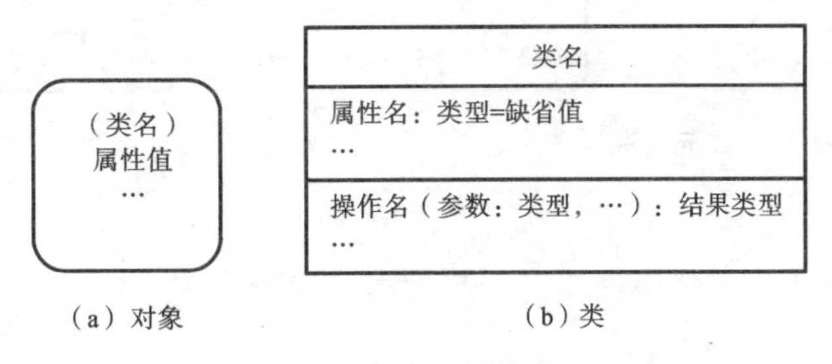

图7-2　对象和类的符号表示

2）类

通过将对象抽象成类，我们可以使问题抽象化，抽象增强了模型的归纳能力。类的图形表示如图 7-2(b)所示,图中的属性和操作可写可不写,这取决于所需的详细程度。

3) 属性

属性指的是类中对象所具有的性质(数据值)。不同对象的同一属性可以具有相同或不同的属性值。类中的各属性名是唯一的。

属性的表示如图 7-2(b)的中间区域所示。每个属性名后可附加一些说明,即为属性的类型及缺省值,冒号后紧跟着类型,等号后紧跟着缺省值。

4) 操作和方法

操作是类中对象所使用的一种功能或变换。类中的各对象可以共享操作,每个操作都有目标对象作为其隐含参数。

方法是类的操作的实现步骤。如文件这个类的打印操作,可以设计不同的方法来实现 ASCII 文件的打印、二进制文件的打印、数字图像文件的打印,所有这些方法逻辑上均是做同一工作,即打印文件。因此,可以用类中 print 去执行这些操作,但每个方法均是由不同的一段代码来实现的。

操作的表示如图 7-2(b)底部区域所示。操作名后可跟参数表,用括号括起来,每个参数之间用逗号分开,参数名后可以跟类型,用冒号与参数名分开,参数表后面用冒号来分隔结果类型,结果类型不能省略。

2. 关联和链

关联是建立类之间关系的一种手段,而链则是建立对象之间关系的一种手段。

1) 关联和链的含义

链表示对象之间的物理与概念联结,如张三学习软件工程课程。

关联表示类之间的一种关系,就是一些可能的链的集合。

正如对象与类的关系一样,链是关联的实例,关联是链的抽象。

两个类之间的关联称为二元关联,关联的表示是在类之间画一直线,如图 7-3 所示。三个类之间的关联称为三元关联,三元关联用一个菱形符号连接三个类,图 7-4 表示了一种三元关联,该图的例子说明了程序员使用计算机语言开发项目。

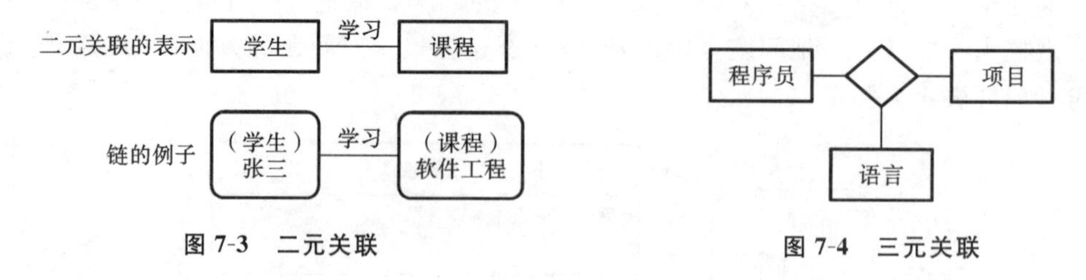

图 7-3　二元关联　　　　**图 7-4　三元关联**

2) 角色

角色说明类在关联中的作用,它位于关联的端点,如图 7-5 所示。

3) 受限关联

受限关联由两个类及一个限定词组成,限定词是一种特定的属性,用来有效地减少关联的重数,限定词在关联的终端对象集中说明,如图 7-6 所示。限定提高了语义的精确性,增强了查询能力,在现实世界中,常常出现限定词。

图 7-5　关联的角色表示　　　　图 7-6　受限关联

4）关联的多重性

关联的多重性是指类中有多少个对象与关联的类的一个对象相关。重数常描述为“1”或“多”。图 7-7 表示了各种关联的重数。小实心圆表示“多个”，从零到多。小空心圆表示 0 或 1。没有符号表示的是一对一关联。

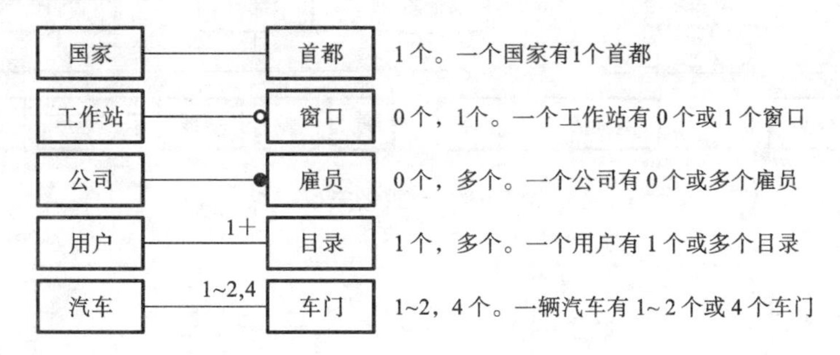

图 7-7　关联的重数

3. 类的层次结构

1）聚集关系

聚集是一种“整体-部分”关系，如图 7-8 所示。在这种关系中，有整体类和部分类之分。聚集最重要的性质是传递性，也具有逆对称性。

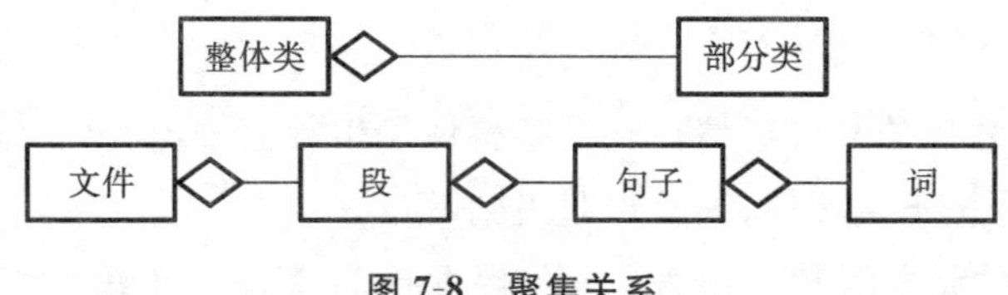

图 7-8　聚集关系

聚集可以有不同层次，可以把不同分类聚集起来得到一棵简单的聚集树，聚集树是一种简单表示，比画很多线将部分类联系起来要简单得多，对象模型应该容易地反映各级层次，图7-9 表示一个关于微机的多极聚集。

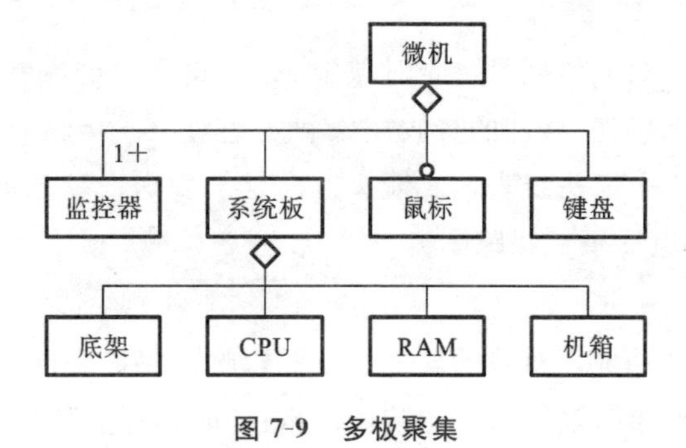

图 7-9　多极聚集

2）一般化关系

一般化关系是在保留对象差异的同时共享对象相似性的一种高度抽象方式。它是“一般-具体”的关系。一般化类称为父类，具体化类称为子类，各子类继承了父类的性质，而各子类的一些共同性质和操作又归纳到父类中。因此，一般化关系和继承是同时存在的。一般化关系的符号表示是在类关联的连线上加一个小三角形，如图7-10所示。

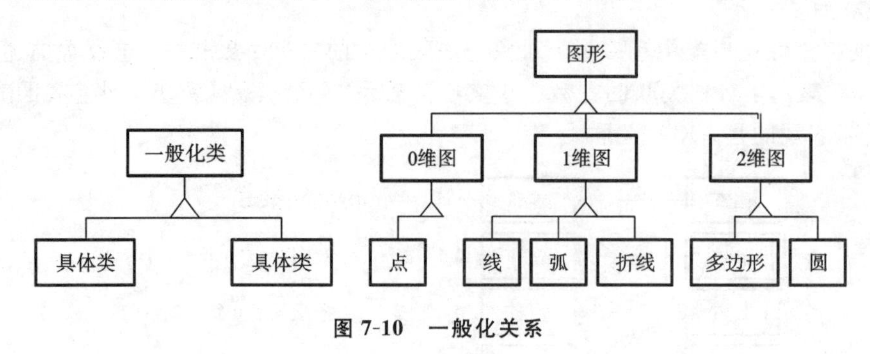

图7-10　一般化关系

7.2.2　动态模型

动态模型是与时间和变化有关的系统性质。该模型描述了系统的控制结构，它表示了瞬间的、行为化的系统控制性质，它关心的是系统的控制和操作的执行顺序，它表示从对象的事件和状态的角度出发，表现了对象的相互行为。

该模型描述的系统属性是触发事件、事件序列、状态、事件与状态的组织。使用状态图作为描述工具，它涉及事件、状态、操作等重要概念。

1. 事件

事件是指定时刻发生的某件事情。它是某事情发生的信号，它没有持续时间，是一种相对性的快速事件。例如，按下左按钮，某航班起飞到海口。

现实世界中，各对象之间相互触发，一个触发行为就是一个事件。对事件的响应取决于接收该触发的对象的状态，响应包括状态的改变或形成一个新的触发。事件可以看成是信息从一个对象到另一个对象的单向传送，发送事件的对象可能期望对方的答复，但这种答复也是一个受第二个对象控制下的一个独立事件，第二个对象可以发送也可以不发送这个答复事件。

各事件将信息从一个对象传到另一个对象中去，因此要确定各事件的发送对象和接收对象。事件跟踪图用来表示事件、事件的接收对象和发送对象。接收对象和发送对象可用一条垂直线表示。各事件用水平箭头线表示。箭头方向是从发送对象指向接收对象，时间从上到下递增。图7-11给出打电话事件跟踪图。

2. 状态

状态是对象属性值的抽象。对象的属性值按照影响对象显著行为的性质将其归并到一个状态中去。状态指明了对象对输入事件的响应。事件和状态是孪生的，一事件分开两种状态，

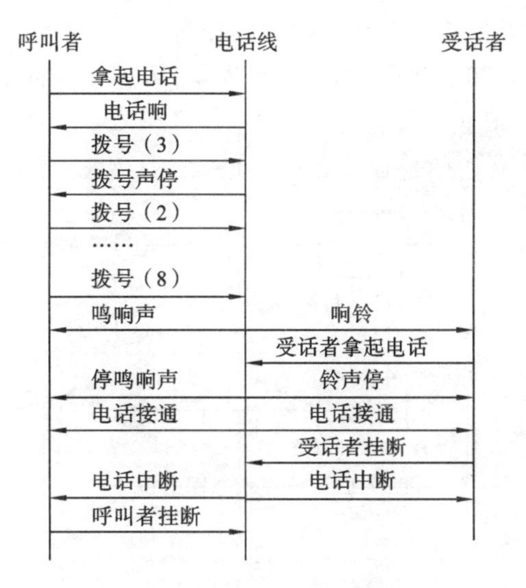

图 7-11　打电话事件跟踪图

一个状态分开两个事件。

说明一个状态可以采用下列描述内容:状态名;状态目的描述;产生该状态的事件序列;表示状态特征的事件;在状态中接受的条件。

3. 状态图

状态图是一个标准的计算机概念,它是有限自动机的图形表示,这里把状态图作为建立动态模型的图形工具。文字上的含义有所不同,我们强调使用事件和状态来确定控制,而不是作为代数构造法。

状态图反映了状态与事件的关系。当接收一事件时,下一状态就取决于当前状态和所接收的该事件,由该事件引起的状态变化称为转换。状态图确定了由事件序列引起的状态序列。状态图描述了类中某个对象的行为,由于类的所有实例有相同的行为,那么这些实例共享同一状态图,正如它们共享相同的类性质一样。但因为各对象有自己的属性值,因此各对象也有自己的状态,按自己的步调前进。

状态图是一种图,用节点表示状态,节点用椭圆表示;椭圆内有状态名,用带箭头直(弧)线表示状态的转换,上面标记事件名,箭头方向表示转换的方向。状态图的表示如图 7-12 所示。

图 7-12　状态图

活动是一种有时间间隔的操作,它是依附于状态的操作。活动可以是连续的操作,也可以是经过一段时间后自动结束的顺序操作。在状态节点上,活动表示为“do:活动名”,进入该状态时,则执行该活动的操作,该活动由来自引起该状态发生转换的事件终止。

动作是一种瞬时操作,它是与事件联系在一起的操作,动作名放在事件之后,用“动作名”来表示。该操作与状态图的变化比较起来,其持续时间是无关紧要的。

单程状态图是具有初始状态和最终状态的状态图。在创建对象时,进入初始状态,进入最终状态隐含着的对象消失。初始状态:用圆点来表示,可标注不同的起始条件。最终状态:用圆圈中加圆点表示,可标注终止条件。

图 7-13 给出了象棋比赛中的单程状态图。

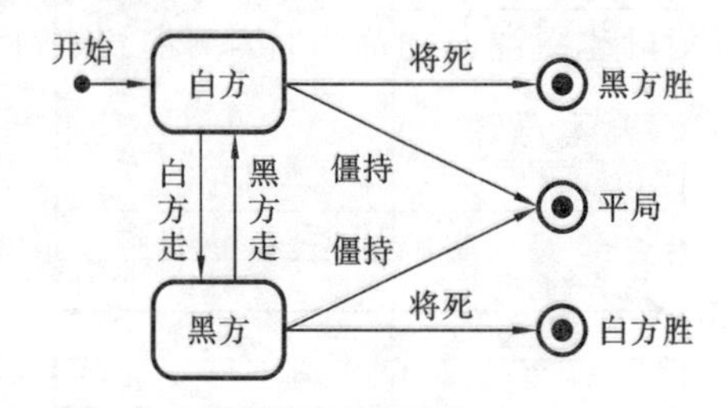

图 7-13 单程状态图的例子

7.2.3 功能模型

功能模型描述了系统的所有计算。功能模型指出发生了什么,动态模型确定什么时候发生,而对象模型确定发生的客体。功能模型表明一个计算如何从输入值得到输出值,它不考虑计算的次序。功能模型由多张数据流图组成。数据流图用来表示从源对象到目标对象的数据值的流向,它不包含控制信息,控制信息在动态模型中表示,同时数据流图也不表示对象中值的组织,值的组织在对象模型中表示。

功能模型由多张数据流图组成。数据流图用来表示从源对象到目标对象的数据值的流向。数据流图不表示控制信息,控制信息在动态模型中表示。数据流图也不表示对象中值的组织,这种信息在对象模型中表示。

数据流图中包含有处理、数据流、动作对象和数据存储对象。图 7-14 给出一个窗口系统的图标显示的数据流图。图标名和位置作为数据流图的输入。使用现有的图标定义,将图标扩展为应用坐标系统中的向量。该向量应限制在窗口范围内,通过窗口移动来得到屏幕坐标向量。最后向量被转换为像素操作,该像素操作发往屏幕显示缓冲。该数据流图表示了对外部值所执行的变换序列及影响此计算的对象。

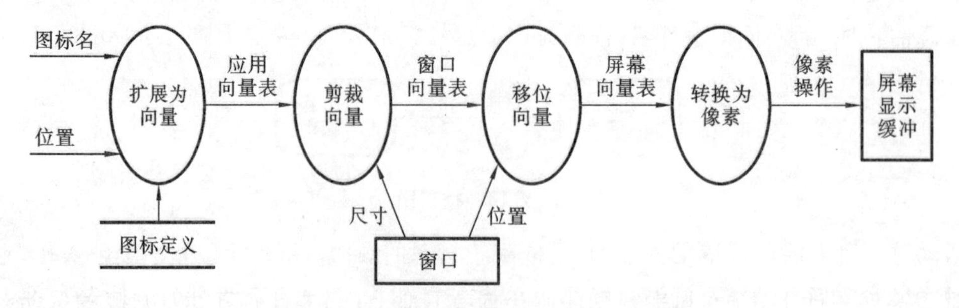

图 7-14 窗口系统的图标显示的数据流图

1. 处理

数据流图中的处理用来改变数据值。最底层处理是纯粹的函数,一张完整的数据流图是一个高层处理。处理的表示如图7-15所示。用椭圆表示处理，椭圆中含有对处理的描述。各处理均有输入流和输出流，各箭头上方标识出输入/输出流。图7-15表示了“整数除法”和“显示图标”两个处理，其中“显示图标”的处理是图7-14的上一级抽象，它表示了一张完整的数据流图。处理用类的操作方法来实现。

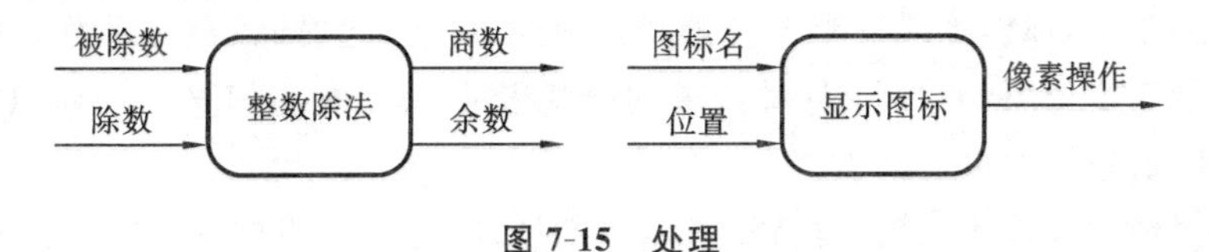

图7-15　处理

2. 数据流

数据流图中的数据流将对象的输出与处理、处理与对象的输入、处理与处理联系起来。在一个计算机中，用数据流来表示一中间数据值，数据流不能改变数据值。

数据流图边界上的数据流是图的输入/输出流，这些数据流可以与对象相关，也可以不相关。图7-15中“显示图标”的输入流是图标名和位置，该输入流的产生对象应在上层数据流图中说明。该图的输出流是像素操作，接收对象是屏幕显示缓冲。

3. 动作对象

动作对象是一种主动对象，它通过生成或者使用数据值来驱动数据流图。动作对象即为数据流图的输入流的产生对象和输出流的接收对象，即动作对象位于数据流图的边界，作为输入流的源点或输出流的终点。动作对象用长方形表示，说明它是一个对象，动作对象和处理之间的箭头线表明了该图的输入/输出流。图7-14中的屏幕显示缓冲是一个使用像素操作的动作对象。

4. 数据存储对象

数据流图中的数据存储是被动对象，它用来存储数据。它与动作对象不一样，数据存储本身不产生任何操作，它只响应存储和访问数据的要求。

数据存储用两条平行线段来表示。线段之间标注存储名，输入箭头表示更改所存储的数据，如增加元素、更改数据值、删除元素等。输出箭头表示从存储中查找的信息动作对象和数据存储对象都是对象，由于它们的行为和用法不同，这里对这两种对象进行了区分。存储可以用文件来实现，而动作对象可以用外部设备来体现。

有些数据流也是对象。尽管在许多情况下，它们只代表纯粹的值含义。把对象看成是单纯的数值和把对象看成是包含有许多数值的数据存储，这二者是有差异的。在数据流图中，用空三角来表示产生对象的数据流。该对象是另一操作的目标。

7.3　面向对象的分析

面向对象分析的目的是对客观世界的系统进行建模。本节以上面介绍的模型概念为基础，结合“银行网络系统”的具体实例来构造客观世界问题的准确、严密的分析模型。

分析模型有三种用途：用来明确问题需求；为用户和开发人员提供明确需求；为用户和开

发人员提供一个协商的基础,作为后继的设计和实现的框架。

7.3.1 面向对象的分析实例

系统分析的第一步是:陈述需求。分析者必须同用户一起提炼需求,因为只有这样才能清晰地了解用户的真实意图,其中涉及对需求的分析及查找丢失的信息。下面以“银行网络系统”为例,用面向对象方法进行开发。

银行网络系统问题陈述:设计支持银行网络的软件,银行网络包括人工出纳站和分行共享的自动出纳机。每个分理处用分理处计算机来保存各自的账户,处理各自的事务;各自分理处的出纳站与分理处计算机通信,出纳站录入账户和事务数据;自动出纳机与分行计算机通信,分行计算机与拨款分理处结账,自动出纳机与用户接口接收现金卡,与分行计算机通信完成事务,发放现金,打印收据;系统需要记录保管及安全措施功能;系统必须正确处理同一账户的并发访问;每个分处理为自己的计算机准备软件,银行网络费用根据顾客和现金卡的数目分摊给各分理处。

图 7-16 给出银行网络系统的示意图。

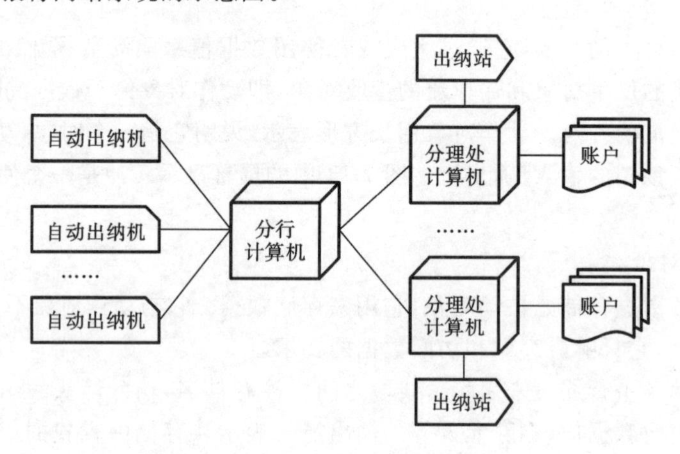

图 7-16 银行网络系统的示意图

7.3.2 建立对象模型

首先标识类和关联,因为它们影响了整体结构和解决问题的方法;其次是增加属性,进一步描述类和关联的基本网络,使用继承合并和组织类;最后操作增加到类中以作为构造动态模型和功能模型的副产品。

1. 确定类

建立对象模型的第一步是找出需求说明中的对象类。值得注意的是,并非所有类都会出现在问题陈述中,有些是隐含在问题域或一般知识中的。确定类的过程如图 7-17 所示。

对于银行网络系统,查找问题陈述中的所有名词,产生如下的暂定类:

●软件 ●银行网络 ●出纳员 ●自动出纳机 ●分行
●分处理 ●分处理计算机 ●账户 ●事务 ●出纳站
●事务数据 ●分行计算机 ●现金卡 ●用户 ●现金
●收据 ●系统 ●顾客 ●费用 ●账户数据
●访问 ●安全措施 ●记录保管

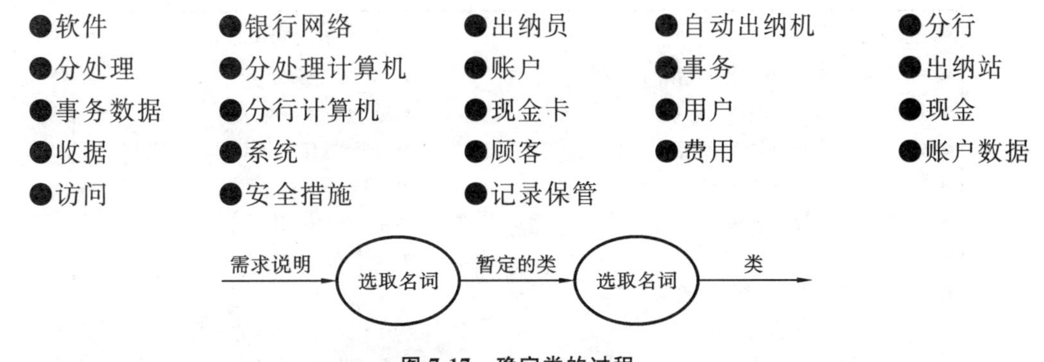

图 7-17 确定类的过程

根据下列标准,去掉不必要的类和不正确的类。

(1) 冗余类:若两个类表述了同一个信息,则保留最富有描述能力的类。例如,“用户”和“顾客”就是重复的描述,因为“顾客”最富有描述性,因此保留它。

(2) 不相干的类:除掉与问题没有关系或根本无关的类。例如,摊派费用超出了银行网络系统的范围。

(3) 模糊类:类必须是确定的,有些暂定类边界定义模糊或范围太广,如“记录保管”就是模糊类,它是“事务”中的一部分。

(4) 属性:若某些名词描述的是其他对象的属性,则从暂定类中删除。如果某一性质的独立性很重要,则应该把它归属到类,而不把它作为属性。

(5) 操作:如果问题陈述中的名词有动作含义,则描述的操作就不是类,但是具有自身性质而且需要独立存在的操作应该描述成类。如我们只构造电话模型,那么“拨号”就是动态模型的一部分而不是类,但在电话拨号系统中,“拨号”是一个重要的类,它有日期、时间、受话地点等属性。

在银行网络系统中,模糊类是“系统”“安全措施”“记录保管”“银行网络”等。属于属性的有“账户数据”“收据”“现金”“事务数据”。属于实现的有“访问”“软件”等。这些均应除去。

2. 准备数据字典

为所有建模实体准备一个数据字典,用来准确描述各个类的精确含义,描述当前问题中的类的范围,包括对类的成员、用法方面的假设或限制。

3. 确定关联

两个或多个类之间的相互依赖就是关联。一种依赖表示一种关联,可用各种方式来实现关联,但在分析模型中应删除实现的考虑,以便设计时更为灵活。关联常用描述性动词或动词词组来表示,其中有物理位置的表示、传导的动作、通信、所有者关系、条件的满足等。从问题陈述中抽取所有可能的关联表述,把它们记录下来,但不要过早去细化这些表述。

图 7-18 所示的是银行网络系统中所有可能的关联,大多数是直接抽取问题中的动词词组而得到的。在陈述中,有些动词词组表述的关联是不明显的。最后,还有一些关联与客观世界或人的假设有关,必须同用户一起核实这种关联,因为这种关联在问题陈述中找不到。

使用下列标准去掉不必要和不正确的关联。

(1) 若某个类已被删除,那么与它有关的关联也必须删除或者用其他类来重新表述。在此例中,我们删除了“银行网络”,相关的关联也要删除。

陈述中的关联：

- 银行网络系统包括出纳站和自动出纳机
- 分行共享自动出纳机
- 分理处提供分理处计算机
- 分理处计算机保存账户
- 分理处计算机处理账户支付事务
- 分理处拥有出纳站
- 出纳站与分理处计算机通信
- 出纳员为账户录入事务
- 自动出纳机与接收现金卡
- 自动出纳机与用户接口
- 自动出纳机发放现金
- 自动出纳机打印收据
- 系统处理并发访问
- 分理处提供软件
- 费用分摊给分理处

隐含的动词词组：

- 分行由分理处组成
- 分理处拥有账户
- 分行拥有分行计算机
- 系统提供记录保管
- 系统提供安全
- 顾客有现金卡

基于问题域知识的关联：

- 分理处雇佣出纳员
- 现金卡访问账户

图 7-18 银行网络系统中所有可能的关联

(2) 不相干的关联或实现阶段的关联：删除所有问题域之外的关联或涉及实现结构中的关联。例如，"系统处理并发访问"就是一种实现的概念。

(3) 动作：关联应该描述应用域的结构性质而不是瞬时事件，因此应删除"自动出纳机接收现金卡""自动出纳机与用户接口"等。

(4) 派生关联：省略那些可以用其他关联来定义的关联，因为这种关联是冗余的。

银行网络系统的初步对象图如图 7-19 所示，其中含有关联。

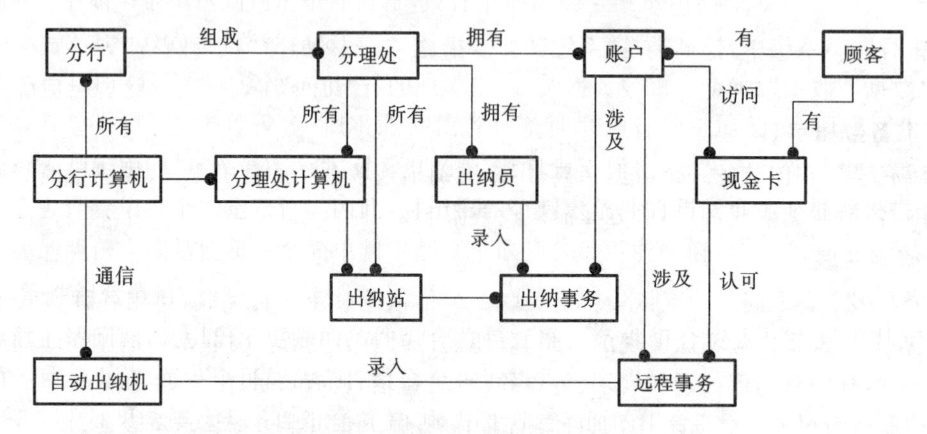

图 7-19 银行网络系统的初步对象图

4. 确定属性

属性是个体对象的性质，属性通常用修饰性的名词词组来表示。形容词常常表示具体的可枚举的属性值，属性不可能在问题陈述中完全表述出来，必须借助于应用域的知识及对客观世界的认识才可以找到它们。只考虑与具体应用直接相关的属性，不要考虑那些超出问题范围的属性。首先找出重要属性，避免那些只用于实现的属性，要为各个属性取有意义的名字。

按下列标准删除不必要的和不正确的属性。

(1) 对象:若实体的独立存在比它的值重要,那么这个实体不是属性而是对象。如在邮政目录中,"城市"是一个属性,然而在人口普查中,"城市"则被看作是对象。在具体应用中,具有自身性质的实体一定是对象。

(2) 限定词:若属性值取决于某种具体上下文,则可考虑把该属性重新表述为一个限定词。

(3) 名称:名称常常作为限定词而不是对象的属性,当名称不依赖于上下文关系时,名称即为一个对象属性,尤其是它不唯一时。

(4) 标识符:在考虑对象模糊性时,引入对象标识符表示,在对象模型中不列出这些对象标识符,它是隐含在对象模型中,只列出存在于应用域的属性。

(5) 内部值:若属性描述了对外不透明的对象的内部状态,则应从对象模型中删除该属性。

(6) 细化:忽略那些不可能对大多数操作有影响的属性。

5. 使用继承来细化类

使用继承来共享公共机构,以此来组织类,可以用两种方式来进行。

(1) 自底向上通过把现有类的共同性质一般化为父类,寻找具有相似的属性、关系或操作的类来发现继承。例如,"远程事务"和"出纳事务"是类似的,可以一般化为"事务"。有些一般化结构常常是基于客观世界边界的现有分类,只要可能,尽量使用现有概念。对称性常有助于发现某些丢失的类。

(2) 自顶向下将现有的类细化为更具体的子类。具体化类常常可以从应用域中明显看出来。应用域中各枚举情况是最常见的具体化的来源。例如,菜单可以有固定菜单、顶部菜单、弹出菜单、下拉菜单等,这就可以把菜单类具体细化为各种具体菜单的子类。当同一关联名出现多次且意义也相同时,应尽量具体化为相关联的类。例如,"事务"从"出纳站"和"自动出纳机"进入,则"录入站"就是"出纳站"和"自动出纳站"的一般化。在类层次中,可以为具体的类分配属性和关联。各属性和关联都应分配给最一般的适合的类,有时也加上一些修正。应用域中各枚举情况是最常见的具体化的来源。

6. 完善对象模型

对象建模不可能一次就能保证模型是完全正确的,软件开发的整个过程就是一个不断完善的过程。模型的不同组成部分多半是在不同的阶段完成的,如果发现模型的缺陷,就必须返回到前期阶段去修改,有些细化工作是在动态模型和功能模型完成之后才开始进行的。

(1) 几种可能丢失对象的情况及解决办法。

若同一类中存在毫无关系的属性和操作,则分解这个类,使各部分相互关联;

若一般化体系不清楚,则可能分离扮演两种角色的类;

若存在无目标类的操作,则找出并加上失去目标的类;

若存在名称及目的相同的冗余关联,则通过一般化创建丢失的父类,把关联组织在一起。

(2) 查找多余的类。

若类中缺少属性、操作和关联,则可删除这个类。

(3) 查找丢失的关联。

若丢失了操作的访问路径,则加入新的关联以回答查询。

(4) 网络系统的具体情况作如下的修改。

① 现金卡有多个独立的特性。把它分解为两个对象：卡片权限和现金卡。

a. 卡片权限：它是银行用来鉴别用户访问权限的卡片，表示一个或多个用户账户的访问权限；各个卡片权限对象可能有好几个现金卡，每张都带有安全码、卡片码，它们附在现金卡上，表示银行的卡片权限。

b. 现金卡：它是自动出纳机得到表示码的数据卡片，也是银行代码和现金卡代码的数据载体。

② “事务”不能体现对账户之间的传输描述的一般性，因它只涉及一个账户，一般来说，在每个账户中，一个“事务”包括一个或多个“更新”，一个“更新”是对账户的一个动作，它们是取款、存款、查询其中之一。因此，增加“更新”类，事务由若干更新组成。

③ “分理处”和“分理计算机”之间，“分行”和“分行计算机”之间的区别似乎并不影响分析，计算机的通信处理实际上是实现的概念，将“分理处计算机”并入到“分理处”，将“分行计算机”并入“分行”。

修改后银行网络系统的对象图如图 7-20 所示。

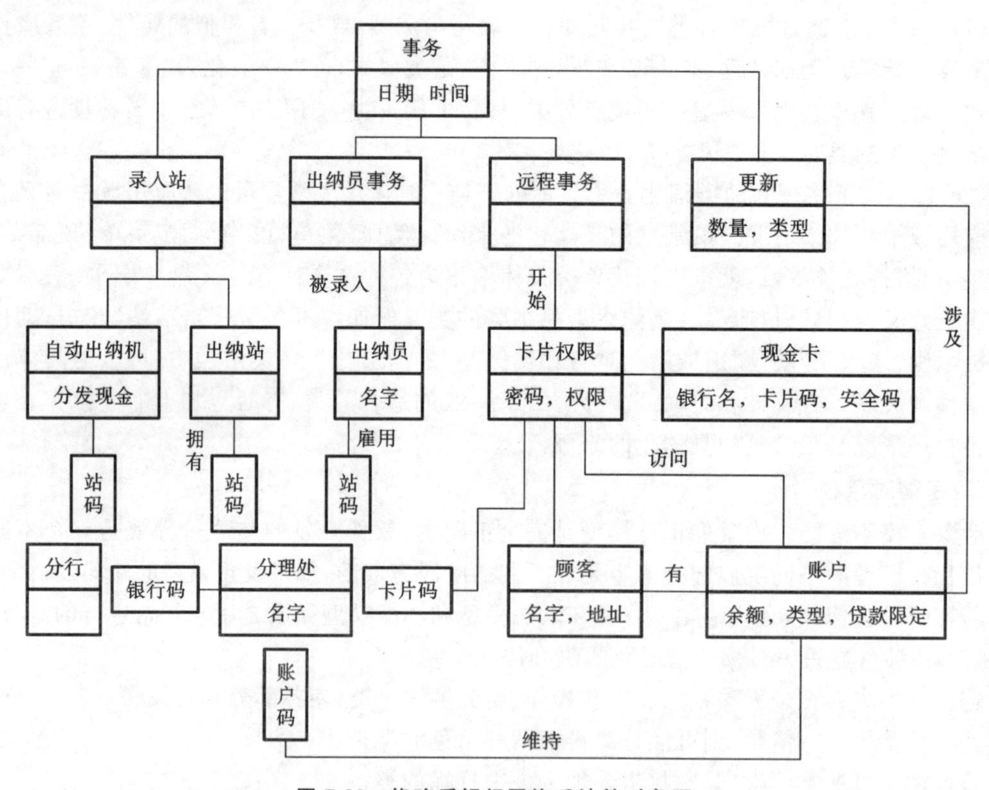

图 7-20 修改后银行网络系统的对象图

7.3.3 建立动态模型

1. 准备脚本

每当系统中的对象与外部用户发生信息交互时，就产生一个事件，而脚本就是事件序列。

虽然需求分析中的问题陈述描述了系统的交互过程，但确切需要什么参数、动作顺序如何等往往是模糊的，因此还要构思交互的形式，这时就需要准备脚本。

首先应考虑的是正常流程脚本，然后再考虑特殊流程脚本，最后考虑出错流程脚本。

银行网络系统的正常流程脚本如下：

(1) 自动出纳机请求用户插入卡片，用户插入现金卡；

(2) 自动出纳机接收卡片并读出它的安全码；

(3) 自动出纳机请求输入密码，用户键入密码“4011”；

(4) 自动出纳机与分行确认安全码和密码，分理处检查它并通知承兑的自动出纳机；

(5) 自动出纳机要求用户选择事务类型(取款、存款、转让、查询)，用户选择取款；

(6) 自动出纳机要求取款金额，用户输入＄100；

(7) 自动出纳机要求分行处理用户取款事务，分行把要求传给分理处，确认事务成功；

(8) 自动出纳机分发现金并且要求用户取现金，用户取走现金；

(9) 自动出纳机询问用户是否想继续，用户选择不继续；

(10) 自动出纳机打印数据，退出卡，并请求用户取卡，用户取走卡和收据；

(11) 自动出纳机请求用户插入。

2. 确定事件

确定所有外部事件。事件包括所有来自或发往用户的信息、外部设备的信号、输入、转换和动作，可以发现正常事件，但不能遗漏条件和异常事件。

3. 准备事件跟踪表

把脚本表示成一个事件跟踪表。事件跟踪表由对象和事件组成，其中对象是脚本中和事件有关联的对象，每个对象有一个独立的列；事件按照产生先后顺序在跟踪表中依次列出。图7-21给出了银行网络系统的事件跟踪表。

除了事件跟踪表，还可以用事件图描述对象间的所有事件，图7-22描述了银行网络系统的事件图。事件图是对象图的一个动态对照，对象图中的路径反映了可能的信息流，而事件图反映了可能的控制流。

4. 构造状态图

对各对象类建立状态图，反映对象接收和发送的事件，每个事件跟踪都对应于状态图中一条路径。具体步骤如下。

(1) 从影响建模的类的事件跟踪图入手。

选择一条路径，该路径描述了一种典型的交互并且只考虑那些影响单个对象的事件，把这些事件放入一条路径，路径的弧用跟踪图上某列的输入/输出事件来标识，两个事件之间的间隔就是一个状态，给每个状态起名字，名字是有意义的，这张初始图就是事件和状态的一个序列。

(2) 从图中找出循环。

如果事件序列无限地重复，则构成一个循环。可使用有限的事件序列取代循环。

(3) 把其他脚本合并到状态图中。

在各脚本中先找到一点，它是以前脚本的分歧点，这个点对应于图中一个现有状态。将新事件序列并入现有状态中作为一条可选路径。

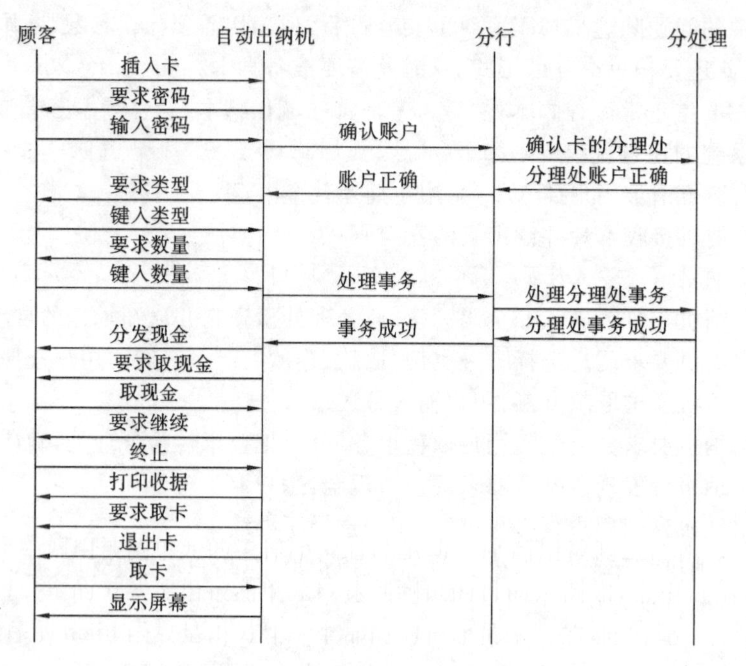

图 7-21　银行网络系统的事件跟踪表

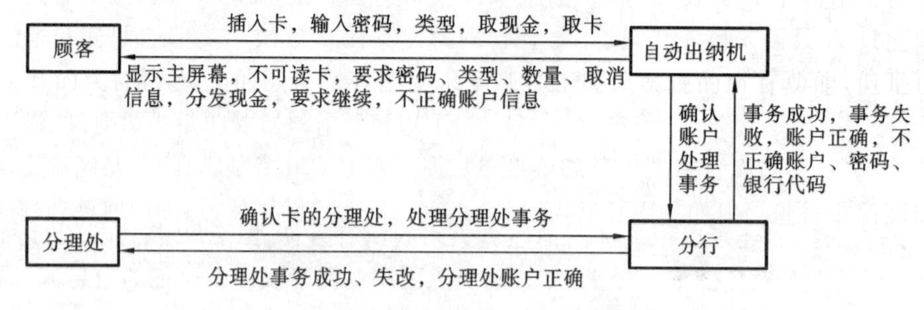

图 7-22　银行网络系统的事件图

例如，某事务正在处理时，要求取消该事务，有时当用户可能无法迅速响应并且必须收回某些资源时，就会出现这种情况。

在银行网络系统示例中，自动出纳机、出纳站、分行和分理处对象都是动作对象，用来互换事件。而现金卡、事务和账户都是被动对象，不交换事件，顾客和出纳员都是动作对象，他们与录入站的交互作用已经表示出来了。但顾客和出纳员对象都是系统外部的因素，不在系统内部实现。

自动出纳机的状态图如图 7-23 所示。

7.3.4　建立功能模型

功能模型用来说明值是如何计算的，表明值之间的依赖关系及相关的功能，数据流图有助于表示功能依赖关系，其中的处理对应于状态图的活动和动作，其中的数据流对应于对象图中

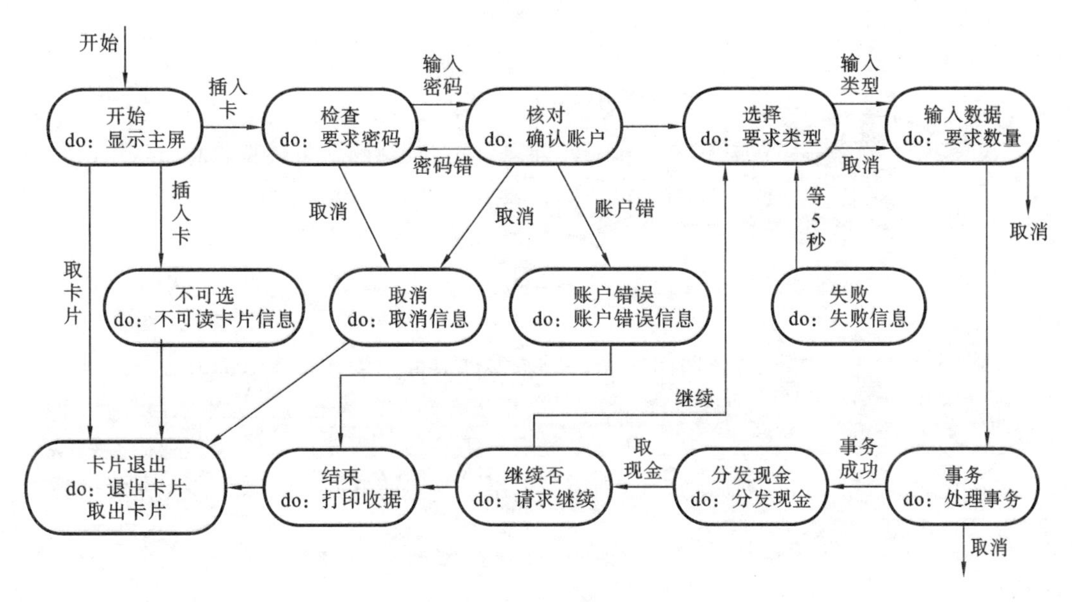

图 7-23　自动出纳机的状态图

的对象或属性。

1. 确定输入值、输出值

先列出输入值、输出值，输入值、输出值是系统与外界之间的事件的参数。

2. 建立数据流图

数据流图说明输出值是怎样从输入值得来的，图 7-24 描述了自动出纳机的输入值到输出值的变换过程。数据流图通常按层次进行组织，如图 7-25 和图 7-26 所示。

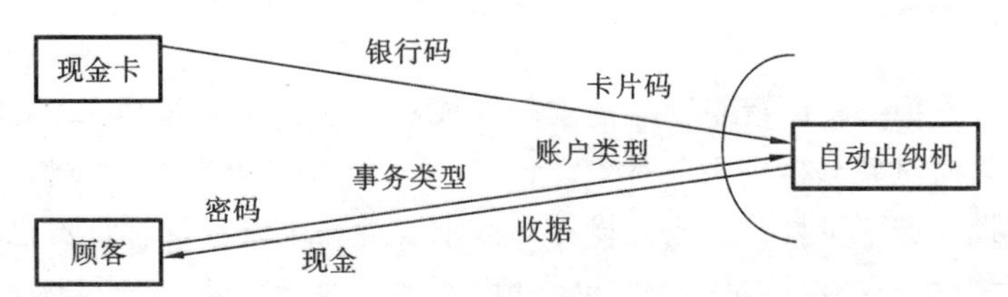

图 7-24　自动出纳机的输入值、输出值

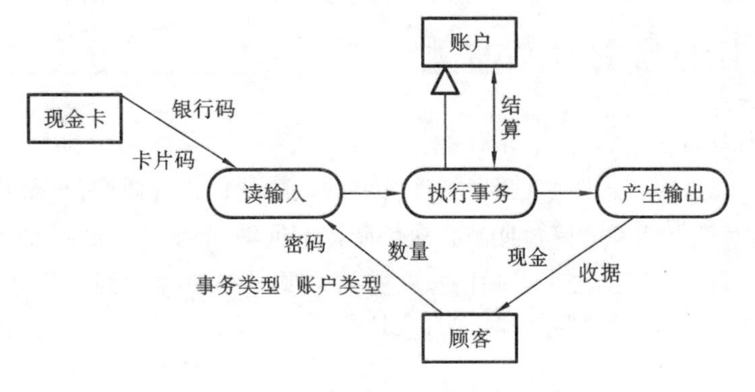

图 7-25　自动出纳机顶层数据流图

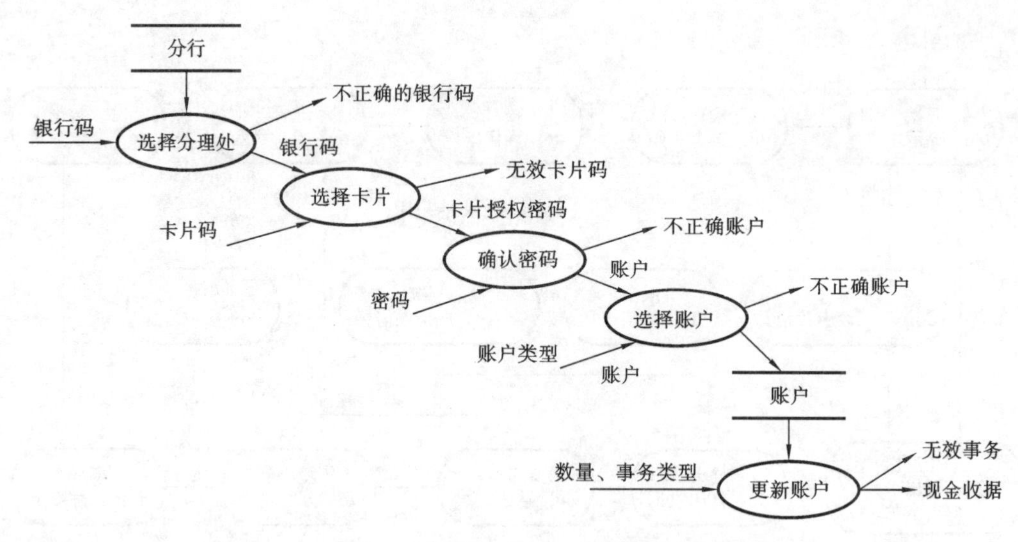

图 7-26 自动出纳机“执行事务”处理的数据流图

7.3.5 确定操作

在建立对象模型时，确定了类、关联、结构和属性，还没有确定操作。只有建立了动态模型和功能模型之后，才能确定类的操作。

7.4 面向对象设计

面向对象设计是把分析阶段得到的需求转变成符合成本和质量要求的、抽象的系统实现方案的过程。从面向对象分析到面向对象设计，是一个逐渐扩充模型的过程。

瀑布模型把设计进一步划分成概要设计和详细设计两个阶段，类似地，也可以把面向对象设计再细分为系统设计和对象设计。系统设计确定实现系统的策略和目标系统的高层结构。对象设计确定解空间中的类、关联、接口形式及实现操作的算法。

7.4.1 面向对象设计的准则

1. 模块化

面向对象开发方法很自然地支持了把系统分解成模块的设计原则：对象就是模块，是把数据结构和操作这些数据的方法紧密地结合在一起所构成的模块。

2. 抽象

面向对象方法不仅支持过程抽象，而且支持数据抽象。

3. 信息隐藏

在面向对象方法中，信息隐藏通过对象的封装性来实现。

4. 低耦合

在面向对象方法中，对象是最基本的模块，因此，耦合主要指不同对象之间相互关联的紧密程度。低耦合是设计的一个重要标准，因为这有助于使得系统中某一部分的变化对其他部分的影响降到最低程度。

5. 高内聚

面向对象设计中存在3种内聚。

(1) 操作内聚：一个服务应该完成一个且仅完成一个功能。

(2) 类内聚：设计类的原则是，一个类应该只有一个用途，它的属性和服务应该是高内聚的。

(3) 一般-具体内聚：设计出的一般-特殊结构，应该符合多数人理解的概念，更准确地说，这种结构应该是对相应的领域知识的正确抽取。

7.4.2 面向对象设计的启发规则

1. 设计结果应该清晰易懂

设计结果清晰、易懂、易读是提高软件可维护性和可重用性的重要措施。显然，人们不会重用那些他们不理解的设计。

要做到：

(1) 用词一致；

(2) 使用已有的协议；

(3) 减少消息模式的数量；

(4) 避免模糊的定义。

2. 一般-具体结构的深度应适当

类的等级层次应该适当，通常保持在七层左右，不超过九层。

3. 设计简单类

应该尽量设计小而简单的类，以方便开发和管理。为了保持简单，应注意以下几点：

(1) 避免包含过多的属性；

(2) 有明确的定义；

(3) 尽量简化对象之间的合作关系；

(4) 不要提供太多的操作。

4. 使用简单的协议

一般来说，消息中参数不要超过3个。

5. 使用简单的操作

面向对象设计出来的类中的操作通常都很小，一般只有3～5行源程序语句，可以用仅含一个动词和一个宾语的简单句子描述它的功能。

6. 把设计变动减至最小

通常，设计的质量越高，设计结果保持不变的时间也越长。即使出现必须修改设计的情况,也应该使修改的范围尽可能小。

7.4.3 系统设计

系统设计是问题求解及建立解答的高级策略。必须制定解决问题的基本方法,系统的高层结构形式包括子系统的分解、它的固有并发性、子系统分配给硬软件、数据存储管理、资源协调、软件控制实现、人机交互接口。

设计阶段应先从高层入手,然后细化。系统设计要决定整个结构及风格,这种结构为后面设计阶段的更详细策略的设计提供了基础。

(1) 系统分解。

系统中主要的组成部分为子系统,子系统既不是一个对象也不是一个功能,而是类、关联、操作、事件和约束的集合。

(2) 确定并发性。

分析模型、现实世界及硬件中的许多对象均是并发的。

(3) 处理器及任务分配。

各并发子系统必须分配给单个硬件单元,要么是一个一般的处理器,要么是一个具体的功能单元。

(4) 数据存储管理。

系统中的内部数据和外部数据的存储管理是一项重要的任务。通常各数据存储可以将数据结构、文件、数据库组合在一起,不同数据存储要在费用、访问时间、容量及可靠性之间做出折中。

(5) 全局资源的处理。

必须确定全局资源,并且制定访问全局资源的策略。

(6) 选择软件控制机制。

分析模型中所有交互行为都表示为对象之间的事件。系统设计必须从多种方法中选择某种方法来实现软件的控制。

(7) 人机交互接口设计。

设计中的大部分工作都与稳定的状态行为有关,但必须考虑用户使用系统的交互接口。

7.4.4 对象设计

(1) 对象设计概述。

(2) 三种模型的结合:① 获得操作;② 确定操作的目标对象。

(3) 算法设计。

(4) 优化设计。

(5) 控制的实现。

(6) 调整继承。

(7) 关联的设计。

7.5　面向对象的实现

7.5.1　程序设计语言

1. 选择面向对象语言

采用面向对象方法开发软件的基本目的和主要优点是通过重用提高软件的生产率。因此，应该优先选用能够最完善、最准确地表达问题域语义的面向对象语言。

在选择编程语言时，应该考虑的其他因素还有：对用户学习面向对象分析、设计和编程技术所能提供的培训操作；在使用这个面向对象语言期间能提供的技术支持；能提供给开发人员使用的开发工具、开发平台，对机器性能和内存的需求，集成已有软件的容易程度。

2. 程序设计风格

(1) 提高重用性。

(2) 提高可扩充性。

(3) 提高健壮性。

7.5.2　类的实现

在开发过程中，类的实现是核心问题。在用面向对象风格所编写的系统中，所有的数据都被封装在类的实例中，而整个程序则被封装在一个更高级的类中。在使用既存部件的面向对象系统中，可以只花费少量时间和工作量来实现软件。只要增加类的实例，开发少量的新类和实现各个对象之间互相通信的操作，就能建立需要的软件。

一种方案是先开发一个比较小、简单的类，作为开发比较大、复杂的类的基础。

(1) “原封不动”重用。

(2) 进化性重用。

一个能够完全符合要求特性的类可能并不存在。

(3) “废弃性”开发。

不用任何重用来开发一个新类。

(4) 错误处理。

一个类应是自主的，有定位和报告错误的功能。

7.5.3 应用系统的实现

应用系统的实现是在所有的类都被实现之后的事。实现一个系统是一个比用过程性方法更简单、更简短的过程。有些实例将在其他类的初始化过程中使用，而其余的则必须用某种主过程显式地加以说明，或者当作系统最高层的类的表示的一部分。

在C++和C中有一个main()函数,可以使用这个函数来说明构成系统主要对象的那些类的实例。

7.5.4 面向对象测试

(1) 算法层。

(2) 类层。

测试封装在同一个类中的所有方法和属性之间的相互作用。

(3) 模板层。

测试一组协同工作的类之间的相互作用。

(4) 系统层。

把各个子系统组装成完整的面向对象软件系统,在组装过程中同时进行测试。

习 题 7

1. 什么是“对象”? 它与传统的数据有什么不同?

2. 什么是“类”?

3. 什么是对象模型? 建立对象模型时主要使用哪些符号? 这些符号的含义是什么?

4. 什么是动态模型? 建立动态模型时主要使用哪些符号? 这些符号的含义是什么?

5. 什么是功能模型? 建立功能模型时主要使用哪些符号? 这些符号的含义是什么?

6. 一个软件公司有开发部门和管理部门两种。每个开发部门开发多个软件产品。每个部门由部门名字唯一确定。该公司有许多员工,员工分为经理、一般工作人员和开发人员。开发部门有经理和开发人员,管理部门有经理和工作人员。每个开发人员可参加多个开发项目,每个开发项目需要多个开发人员,开发人员使用语言开发项目。每位经理可主持多个开发项目。试建立该公司的对象模型。

7. 在温室管理系统中,有一个环境控制器类,当没有种植作物时处于空闲状态。一旦种上作物,就要进行温度控制,定义气候,即在什么时期应达到什么温度。当处于夜晚时,由于温度下降,要调用调节温度过程,以便保持温度;当日出时,系统进入白天状态,由于温度升高,要调用调节温度过程,保持要求的温度。当日落时,系统进入夜晚状态。当收获作物时,终止气候的控制,系统进入空闲状态。试建立环境控制器类的状态图。

第8章　软件测试

软件测试是对软件开发过程中产生的成果的验证，它包括静态测试和动态测试。一个完整的软件测试一般包括模型测试、单元测试、集成测试、系统测试、验收测试等。软件测试是保证软件质量的一个重要工作。

8.1　概　　述

8.1.1　测试的概念

1. 测试的定义

通俗来说，找出一段程序或者一份软件文档中问题的工作，就称为软件测试。1983年IEEE给出了软件测试的定义是：软件测试是使用人工的或自动的手段来运行或检测某个系统的过程，其目的在于检验它是否满足约定的需求或是比较预期结果与实际结果之间的差别，这个定义明确提出了软件测试以检验是否满足需求为目标，不单纯是一个发现错误的过程，它同时也包含了对软件质量进行评价的过程。

2. 测试的目的

随着人们对测试认识的深入，测试目的也发生着变化，从最开始能够证明软件正常工作为目的，到20世纪70年代中期以发现错误为目的，到今天软件测试已经演变成以提高软件质量，进行质量控制为目的。提到软件测试，很容易让人误解为发现错误是软件测试的唯一目的，查找不出错误的测试就是没有价值的，事实并非如此。首先，测试并不仅仅是为了要找出错误，此外通过分析错误产生的原因和错误的分布特征，测试还可以帮助项目管理者发现当前所采用的软件过程的缺陷以便改进。其次，没有发现错误的测试也是有价值的，完整的测试是评定软件质量的一种必要方法。

3. 测试的对象

软件测试的对象主要有两种：文档和程序。提到测试，人们往往想起的是针对程序的测试，因此针对文档的测试很容易被忽略。事实上，如果没有对设计文档进行充分的测试，那么按照错误的设计文档实现的软件必然是错误的，软件的开发成本也会随之增加。因此，对于测试来说，越早找出问题就越能节约开发成本。

8.1.2 测试的过程

1. 测试工作的内容

软件测试的主要工作内容是:理解软件产品的功能要求和设计内容,并对其进行测试,检查软件是否与用户需求一致、是否与设计一致,写出相应测试结果报告。

2. 测试工作的流程

软件测试是软件开发的重要组成部分,因此测试阶段的流程与设计阶段的流程是密不可分的,如图 8-1 所示。

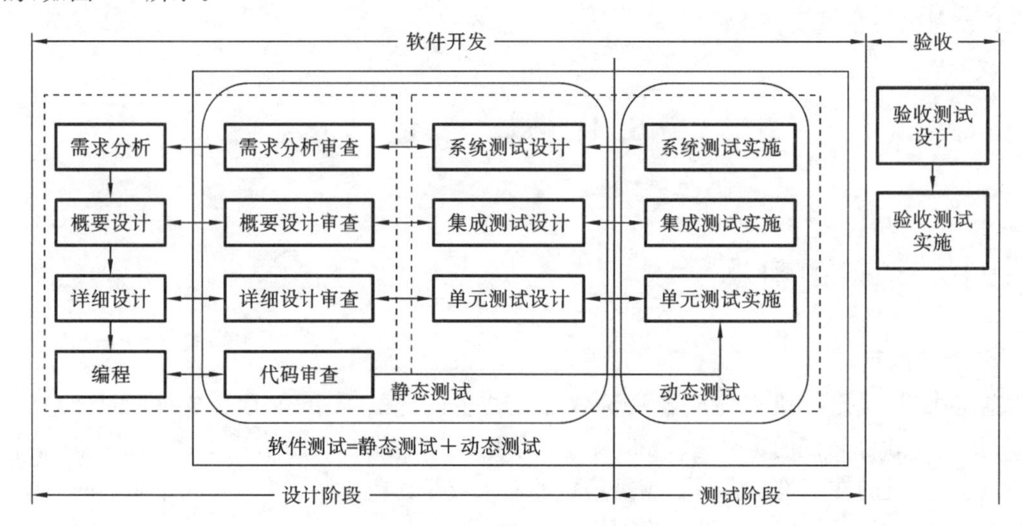

图 8-1 软件测试工作流程图

从软件开发的整体过程来看,测试包括以下几个过程。

(1) 设计阶段的测试。

① 每个设计阶段的静态审查。

设计阶段的测试按图 8-1 由上而下进行,即每个设计阶段的后期都必须对设计出来的成果进行充分测试。

② 每个设计阶段对应的测试设计包括测试用例的设计和测试数据的设计。理论上的测试设计过程如图 8-1 所示,在实际的软件开发过程中,可以采用上述过程或者采用向后平移一个设计阶段的过程,即在概要分析设计阶段完成系统测试设计,在详细设计阶段完成集成测试设计,在编程设计阶段完成单元测试设计。

设计阶段的测试一般采取静态测试。

(2) 测试阶段的测试。

该阶段的测试是由下而上进行的,即只有低级别的测试完成之后,才能进行高级别的测试,具体各种测试阶段的详细内容参见本章后述内容。测试阶段的测试一般采取动态测试。

(3) 确认测试和回归测试。

程序修改之后还需进行确认测试和回归测试。确认测试是为了确认修改是否正确,回归测试则是为了保证修改不会带来新的错误，对被测对象进行重新测试。

(4) 验收阶段的测试。

用户正式接收软件之前所进行的测试。用户一般会根据说明书进行全面的验收测试，阅读说明书就是静态测试验收，对照说明书进行操作则是动态测试验收。

对一个具体的测试阶段（如集成测试阶段），测试包括以下几个活动：

① 制订测试计划（包括人员、时间、资源、目标等）；

② 理解测试对象，编写测试用例；

③ 构建测试环境；

④ 实施测试；

⑤ 确认测试和回归测试（程序或者文档发生修改的情况下）；

⑥ 完成测试报告。

8.1.3　测试的原则

为了使测试工作更好地进展下去，软件测试人员必须遵循以下基本原则：

(1) 测试应该尽早和不断地进行；

(2) 要清楚地知道完全测试程序是不可能的；

(3) 所有的测试都应追溯到用户需求；

(4) 将 Pareto 原则（80%的错误都起源于程序模块中的 20%）应用于软件测试；

(5) 为了达到最佳效果，应该由独立的第三方来设计并实施测试；

(6) 保证测试用例的完整性和有效性。

8.2　静态测试

8.2.1　静态测试的概念

静态测试是指不执行程序，对文档以及代码进行的测试。静态测试的对象是文档和程序。对于基于 UML 的设计文档，静态测试的重点就是审查各种 UML 的模型图是否正确，因此静态测试也称为模型测试。很多大公司的经验表明，在一个好的软件开发中，静态测试检测出的错误数可占总错误数的 80%以上。静态测试主要有以下特点：

(1) 主要由人手工方式进行，可以充分发挥人的主动性；

(2) 实施不需要特别条件，容易开展；

(3) 一旦发现错误就知道错误的性质和位置，不需要查错，因而修改成本低。

8.2.2 静态测试的方法

静态测试的方法主要有两种：审查（review）和走查（walkthrough）。静态测试以人工为主，有些内容也可以借助软件工具。

1. 审查

审查是指通过阅读并讨论各种设计文档以及程序代码，以检查其是否有错的方法。

审查一般可以通过两种不同的形式进行：个人审查和会议审查。

个人审查：由个人对自己或者他人的开发文档或程序进行审查。

会议审查：通过会议的形式将相关的人员召集起来审查相关的设计内容，会议的主题是发现错误而不是纠正错误。

个人审查与会议审查方法各有优点，会议审查能够提高审查效率，并且不容易遗漏，比较节省时间。对于一个团队中新人比较多的时候推荐使用会议审查的方法。

2. 走查

走查方法只适用于代码，即只有代码的走查，没有设计文档的走查。代码走查与会议代码审查比较相似，只是审查的具体方式不一样。代码走查以小组开会的形式进行。走查由被指定作为测试小组的成员提供若干测试用例，让参加会议的成员充当计算机的角色，在会议上对每个测试用例由人工来模拟跟踪程序的执行。通过将测试用例“输入”被测试程序，对程序的逻辑和功能提出各种疑问，并进行有关的讨论，以发现代码中的问题。

由于人工“执行”比较慢，因此测试用例不能过于复杂也不宜过多。测试用例并不是关键，它仅仅是作为怀疑程序逻辑与计算错误的启发点，随机测试实例游历程序逻辑，在怀疑程序的过程中发现错误。

8.3 动态测试

与静态测试相反，动态测试是通过运行被测程序而发现问题的一种测试方法。动态测试可分为白盒测试（white box testing）和黑盒测试（black box testing）两种方法。

白盒测试是指完全了解程序的结构和处理过程的情况下设计测试用例的一种方法。黑盒测试是指不考虑程序的内部结构和处理过程，仅仅根据程序的功能来设计测试用例的一种方法。

8.3.1 白盒测试与黑盒测试的区别与联系

不论是白盒测试还是黑盒测试，它们都可以发现问题，但是由于角度不同，所以它们所发现的问题也不尽相同，可以用图 8-2 来表示两者的区别。

如图 8-2 所示，软件所有的问题（bug）应该是 A＋B＋C＋D 的总和，因此实际测试中必须综合运用白盒测试、黑盒测试和静态测试等多种方法，才能达到最佳测试效果。

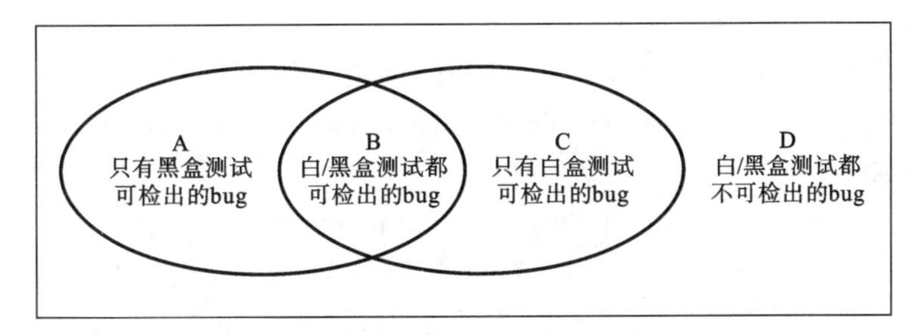

图 8-2　白盒测试与黑盒测试发现错误能力关系图

8.3.2　白盒测试

覆盖率是白盒测试的一个重要的技术指标。覆盖率既可以指导测试用例的设计，也是衡量白盒测试的力度。白盒测试的主要方法有语句覆盖、判定覆盖、条件覆盖、判定/条件覆盖、条件组合覆盖以及路径覆盖等。

【例 8-1】　首先我们给出一个待测试的程序例子（见图 8-3），并通过该程序的测试来讲解各种白盒测试方法。

```
例:源程序
void sample (int A, int B, float C)
{
    if((A>1)&&(B==0))
    {
        C=C/A;
    }
    if((A==2)||(C>1))
    {
        C=C+1;
    }
}
```

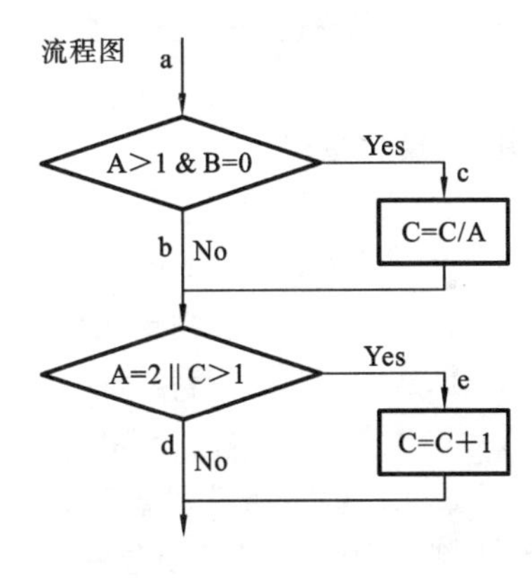

图 8-3　白盒测试法示例

1. 语句覆盖

例 8-1 中如果希望达到语句覆盖，则设计下面的一个测试用例即可。

A=2,B=0,C=3

这组输入可以使得程序中的可执行语句 C=C/A 和 C=C+1 分别被执行了一次。如果程序第二个判断条件错误地写成了 C>0，该组输入则无法判断出这个 bug。

2. 判定覆盖

判定覆盖是指程序中的每个分支至少执行过一次的测试，即程序中的每个判定条件都至少获得过一次可能的值（IF、SWITCH 语句、循环条件的判断语句）。

例 8-1 中如果希望达到判定覆盖，则设计下面的两个测试用例即可。

① A=3,B=0,C=3（路径：acd）

② A=2,B=1,C=1(路径:abe)

上面的测试用例使得例 8-1 中的两个 IF 判断条件分别为 TRUE 和 FALSE。判定覆盖包含了语句覆盖,但仍然是不够的,上面的测试用例只能覆盖程序所有路径的一半。

3. 条件覆盖

条件覆盖是指每一个判定条件中的每一个条件至少获得过一次可能的值的测试。判定覆盖只关心整个判定表达式的值,而条件覆盖关心判定表达式中的每个条件的值。

例 8-1 中对于第一个判定表达式来说,为了达到条件覆盖,需要执行测试用例使得程序在 a 点能够分别满足 A>1,A<=1,B=0,B! =0。

如果希望达到条件覆盖,在 a 点设计下面的两个测试用例即可。

① A=3,B=0

② A=1,B=1

与判定覆盖的测试用例相比,可以看出判定覆盖的两个用例中并没有达到 A<1 的这个条件,因此可知条件覆盖比判定覆盖的强度又增强了一些。但是判定覆盖和条件覆盖并没有包含的关系。例如如下用例

③ A=1,B=0

④ A=3,B=1

这两个测试用例达到了条件覆盖却不能达到判定覆盖,因为第一个判定表达式始终为 FALSE。

4. 判定/条件覆盖

判定/条件覆盖是同时满足判定覆盖和条件覆盖的测试,即使得判定表达式中的每个条件都取到各种可能的值,而且每个判定表达式也都取到各种可能的结果。

例 8-1 中如果希望达到判定条件覆盖,设计下面的两个测试用例即可。

① A=2,B=0,C=4(路径:ace)

② A=1,B=1,C=1(路径:abd)

尽管看起来"判定/条件覆盖"似乎能够使各种条件取到各种可能的值,但实际上并非如此。如对于判定中的与(AND)条件,计算机在实现中为了优化,如果第一个表达式已经不满足就不会去计算第二个判定条件。因此,对于第二个判定条件的测试事实上也就失去了意义。所以彻底的测试应该是使每一个简单判定都真正取到各种可能的值。

5. 条件组合覆盖

针对上述问题,又引出了更强的条件组合覆盖标准。条件组合覆盖是指列出判定中所有条件的各种组合值,每一个可能的条件组合至少被执行一次的测试。

例 8-1 中如果希望达到条件组合覆盖,则需要满足下面的组合:

① A>1, B=0　② A>1, B! =0　③ A<=1,B=0　④ A<=1, B! =0

⑤ A=2, C>1　⑥ A=2, C<=1　⑦ A! =2, C>1　⑧ A! =2, C<=1

根据上面的组合,设计测试用例如下:

(1) A=2,B=0,C=4(使得①和⑤的情况出现,路径:ace)

(2) A=2,B=1,C=1(使得②和⑥的情况出现,路径:abe)

(3) A=1,B=0,C=2(使得③和⑦的情况出现,路径:abe)

(4) A=1,B=1,C=1(使得④和⑧的情况出现,路径:abd)

条件组合覆盖一定满足判定覆盖、条件覆盖、判定/条件覆盖、语句覆盖,但是仍然不能满足路径覆盖。上面的例子中就没有覆盖到路径 acd。

6. 路径覆盖

路径覆盖是指程序中所有可能的路径都被至少执行过一次的测试。例 8-1 中如果希望达到路径覆盖,则设计下面的一组测试用例即可。

① A=2,B=0,C=4(路径:ace)

② A=3,B=0,C=1(路径:acd)

③ A=1,B=0,C=2(路径:abe)

④ A=1,B=1,C=1(路径:abd)

对于比较复杂的程序来说,列出所有的路径不是一件容易的事情,必须事先清楚地画出程序的流程图,对可能的路径进行分析和归纳。

7. 白盒测试小结

白盒测试可以分为两大类:逻辑覆盖测试和路径覆盖测试。逻辑覆盖测试又可以细化语句覆盖、判定覆盖、条件覆盖、判定/条件覆盖、条件组合覆盖五种方法,如表 8-1 所示。

表 8-1 逻辑覆盖测试的五种方法对比

<table>
<tr><th></th><th>类型</th><th>说明</th></tr>
<tr><td rowspan="5">测试的强度
弱
↓
强</td><td>语句覆盖</td><td>每个可执行语句至少要执行一次</td></tr>
<tr><td>判定覆盖</td><td>每个判定分支至少执行过一次</td></tr>
<tr><td>条件覆盖</td><td>每个判定条件中的每一个条件至少获得过一次可能的值</td></tr>
<tr><td>判定/条件覆盖</td><td>同时满足判定覆盖和条件覆盖的要求</td></tr>
<tr><td>条件组合覆盖</td><td>列出判定中所有条件的各种组合值,每一个可能的条件组合至少被执行一次</td></tr>
</table>

在实际测试中,最好的测试应该是条件组合覆盖与路径覆盖的结合测试,但这样测试成本较高。一般在实际中的项目会根据具体要求设计用例,但至少应该达到判定/条件覆盖。

8.3.3 黑盒测试

黑盒测试主要是从功能、性能等角度进行测试。黑盒测试的主要方法包括等价分类法、边界值分析法、错误推测法以及因果图方法等。

1. 等价分类法

等价类是指某个输入域的子集和。在该子集和中,各个输入数据对于测出的程序中的 bug 都是等效的。该方法的关键在于正确地划分等价类。

等价类划分可有两种不同的情况:有效等价类和无效等价类。

(1) 有效等价类是指对于程序的规格说明来说是合理的,有意义的输入数据集合。

(2) 无效等价类是指对于程序的规格说明来说是不合理的,没有意义的数据集合。

设计测试用例时,要同时考虑这两种等价类。用等价类划分的方法设计测试用例时分为两步进行:划分等价类和确定测试用例。下面用一个实例来说明该方法的应用。

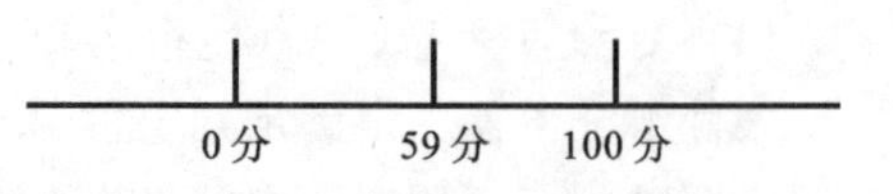

图 8-4 学生成绩统计划分示意图

例如,在一个学生成绩统计功能中,要求分别统计出及格和不及格的人数(假定:只有在0～100 的整数有效),那么可以进行如下划分(见图 8-4):

有效等价类:0～59 分,60～100 分;

无效等价类:0 分以下,100 分以上,非整数,非数字,空值。

根据上面的等价类设计如表 8-2 所示的测试用例。

表 8-2 等价类划分法

有效/无效	等价类	测试用例
有效等价类	0～59 分	"50"
	60～100 分	"78"
无效等价类	0 分以下	"−23"
	100 分以上	"156"
	非整数	"63.5"
	非数字	"ab"
	输入为空	" "

2. 边界值分析法

经验表明,处理边界情况时程序最容易发生错误。因此,针对各种边界情况设计测试用例可以查出更多的错误。同时,边界值分析方法也是对等价类划分法的补充。

对于前面的成绩统计的例子,如果采用边界值法与等价划分类法相结合,设计的测试用例如表 8-3 所示。

表 8-3 等价类划分和边界值分析结合法

有效/无效	等价类	测试用例	说 明
有效等价类	0～59 分	"0"	最小边界值
		"1"	比最小边界值略大一点
		"50"	中间任意值
		"58"	比最大边界值略小一点
		"59"	最大边界值
	60～100 分	"60"	最小边界值
		"61"	比最小边界值略大一点
		"78"	中间任意值
		"99"	比最大边界值略小一点
		"100"	最大边界值

续表

有效/无效	等价类	测试用例	说明
无效等价类	0分以下	“－1”	边界值
		“－23”	任意值
	100分以上	“101”	边界值
		“156”	任意值
	非整数	“60.5”	
	非数字	“ab”	
	输入为空	“ ”	

3. 错误推测法

错误推测法是基于经验和直觉推测程序中所有可能存在的各种错误，从而有针对性地设计测试用例的方法。错误推测法的基本思想是：列举出程序中所有可能存在的错误和容易发生错误的特殊情况，根据它们选择测试用例。例如，在单元测试时曾列出的许多在模块中常见的错误，以前产品测试中曾经发现的错误等，根据这些错误来确定测试用例。

4. 因果图方法

等价分类法和边界值分析法都是着重考虑输入条件，但未考虑输入条件之间的联系、相互组合等。因果图（逻辑模型）方法则是一种适合于描述对于多种条件的组合相应产生多个动作的形式来考虑设计测试用例的方法。因果图方法最终生成的就是判定表，根据该表选出的测试用例适合检查程序输入条件的各种组合情况。

5. 黑盒测试小结

黑盒测试的主要方法包括了等价分类法、边界值分析法、错误推测法以及因果图方法等，实际测试中并不单独使用一种方法，而应该通过多种方法的综合使用，以便设计出高效率的测试用例。

8.4 单元测试

8.4.1 单元测试概述

单元测试是指对程序的基本组成单元进行的测试，验证每个单元是否完成了设计的预期功能。一般来说，基本单元是一个函数，一个过程，或者一个类。一般情况下单元测试采用白盒测试。

单元测试的具体步骤如下。

（1）设计和编写测试用例。

从理论上讲，应该在详细设计结束之后设计和编写测试用例。但实际应用中常常在编程结束之后才从事此项工作,这样可以减少因详细设计变动而引起工时浪费,以便达到更好的测试效果。

(2) 构造测试环境和设置测试数据。

由于在单元测试阶段整个软件还没有形成,为了测试每个单元,必须构造必要的测试环境以便实施测试,主要包括编写驱动程序和桩程序,以及准备测试所需要的数据,如图 8-5 所示。

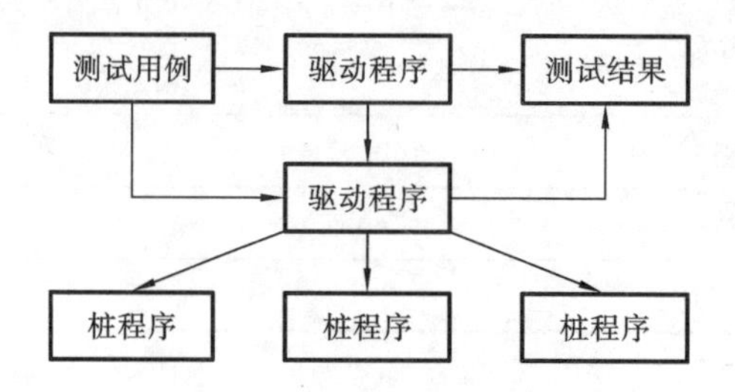

图 8-5 驱动程序与桩程序

驱动程序是指调用被测单元的主程序。通过驱动程序调用被测试的函数或方法,把构造的各种数据通过一定的方式传给被测单元以达到测试的目的。例如,希望对函数 A 进行单元测试,但是该程序的 main 函数是由另外一个部门的程序员编写的,此时还不能拿到代码,就需要自己写一个 main 函数来调用函数 A。桩程序是指被测单元中调用到的一些还没有完成的函数的替代程序。例如,我们希望对函数 A 进行单元测试,但是函数 A 中调用了由另外一个部门的程序员编写的函数 B,函数 B 的真实代码暂时拿不到,为了测试函数 A 只能先临时写一个函数 B 的代替品,这里的桩程序 B 不要求实现真正应该实现的所有功能,但是也不允许什么都不做,只要做少量的数据操作就可以了。

(3) 实施测试:一般都是在开发环境下通过单步跟踪等方式进行测试。

(4) 修改与回归测试:对于测出的问题点进行修改,并对相关的代码进行重新测试。

(5) 编写测试报告:根据测试结果完成测试报告。

8.4.2 单元测试的策略

单元测试需要设计驱动程序和桩程序,因此在测试实施过程中,可以有以下三种策略。

(1) 自顶向下分别测试每个单元:该策略可以省去驱动模块的设计,提供一些集成测试的基础,但并行性较差。

(2) 自底向上分别测试每个单元:该策略可以省去桩模块的设计,提供一些集成测试的基础,但并行性较差。

(3) 独立单元测试:不需考虑各个单元的联系,可以并行,但是需要同时设计驱动程序和桩程序(驱动程序和桩程序的复杂度要低于前面两种)。

比较三种测试策略,独立单元测试是最容易实施的,对于工期比较紧张的情况下应该是一个很好的选择。当然实际测试中,还要根据一些具体的因素来决定选用哪种策略,也可以结合使用。

8.4.3　面向对象的单元测试

面向对象的软件进行单元测试时，它的基本单位是一个方法或者一个类。即使以类为单位的测试，每个方法内部也必须进行严密的测试，为类的测试打下坚实的基础。对于每一个方法内部的测试可以采用前面讲过的白盒测试的各种方法进行充分测试，这一小节重点讲述类测试中的各个方法之间的测试。

1. 一般类测试方法

类测试是由封装在类中的操作和类的状态行为所驱动的，除了对每一个方法和属性的测试之外，与普通的单元测试最大的不同之处就是要把所有的方法看成是类的一部分来测试，尤其是对类的继承特性和多态特性要格外注意测试。类测试主要是通过各种不同的操作序列来进行各个方法之间的测试。从某种意义上来看，这样的测试似乎也可以认为是类的内部小范围集成测试。类测试主要有以下两种方法。

(1) 随机测试。

根据实际可运行的各个方法的要求(比如一个文件的最小操作序列：open，read，close)进行随机操作组合。这样各个方法就可能出现在随机的操作序列中，很容易测试出一些单纯测试方法不能测出的问题。此外，测试对象类的环境改变，如对一个类的对象实例产生和释放的时间进行一些随机测试，也可能会带来意想不到的问题。

(2) 划分测试是从不同的方面对类进行分类测试，主要有以下三种分类。

基于状态的划分：分为改变类状态和不改变类状态的方法序列。

基于属性的划分：对某个属性使用、修改、不用也不修改的方法序列。

基于功能的划分：将相关的属于同一功能的几个方法作为一个方法序列。

2. 父子类测试方法

对于父子类继承关系的主要测试方法有分层增量测试和抽象类测试。

1) 分层增量测试

分层增量测试是指通过分析来确定子类中哪些部分需要添加测试用例，哪些继承的测试用例需要运行，以及哪些继承的测试用例不需要运行测试的方法。一般原则如下。

(1) 子类中新定义的方法需要添加新的测试用例进行测试。

(2) 考察从父类继承的成员函数是否需要测试，根据分析进行测试用例的补充。

① 从父类继承的方法在子类中进行了改动时，子类中的方法需要测试。

② 子类中的方法调用了从父类继承之后又在子类中改动了的方法时需要测试。

(3) 父类的方法调用了在子类中继承并改动了的方法时，父类的方法需要测试。

此外，父类的测试用例是否能照搬到子类中呢？父类与子类中有继承关系的函数，如果逻辑大致相同，但存在一些部分细节不同时，父类的测试用例可以经过修改之后用于子类的测试。但若是子类独自扩展出来的方法，则父类的测试用例是完全没有作用的。

2) 抽象类测试

类测试时需要建构一个类的实例之后再进行测试。然而，一个继承体系的根类通常是抽象的，许多编程语言在语义上不允许建构抽象类的实例，这给抽象类的测试带来了很大的困难。一般对于抽象类有以下两种测试方法：

(1) 为需要测试的抽象类单独定义一个具体的子类；

(2) 将抽象类作为测试第一个具体子类的一部分进行测试。

目前有很多支持单元测试的测试工具，如适合于Java语言的Junit，适合于C++语言的CppUnit、C++test等，利用这些工具可以大大提高单元测试的效率。对于刚开始步入软件测试领域的人员来说还是推荐人工手动测试为好，这样对于测试的理解才会更加深刻。虽然单元测试一般要求尽可能提高各种覆盖率，但也并不一定各种覆盖率越高越好。因为提高覆盖率就意味着增加测试成本，所以高覆盖率也是以高成本为代价的。最好是在合理分析之后具体计划测试的覆盖率，如新手编写的、逻辑比较复杂等部分的测试覆盖率可以适当提高，而难度较低又是经验较丰富的程序员编写的，可以考虑适当降低测试覆盖率。

一旦编程完成，开发人员总是会迫切希望进行软件的集成工作，这样就能够看到系统实际的运行效果。但是在实践工作中，进行了完整计划的单元测试和编写实际的代码所花费的精力大致上是相同的。一旦完成了这些单元测试工作，很多bug将被纠正，在确定拥有稳定可靠的模块的情况下，开发人员能够进行更高效的系统集成工作。这样从整体来看，完整计划下的单元测试是对时间的更高效的利用，而用调试代替单元测试的工作方式只会花费更多的时间而取得很少的好处。

8.5 集成测试

8.5.1 集成测试概述

集成测试是在单元测试的基础上，将所有的模块按照系统设计的要求联合起来进行的测试。集成测试的对象是经过单元测试之后的代码。集成测试关注的是各个模块的接口，以及各个模块组合之后是否运行正常，而单元测试关注的是每个单元及每个模块的内部处理。因此，集成测试和单元测试是不能互相替代的。

当然如果一个程序非常简单，仅由几个函数组成，在单元测试中已经把几个函数的调用都测试过了，这种情况就可以省略集成测试。一般来说，对于由1个以上的模块组成的软件中集成测试是必需的。集成测试一般是由程序的开发人员采用白盒法进行测试的。集成测试的具体步骤与单元测试的基本相同。

8.5.2 集成测试的策略

集成测试中测试策略的选择是最重要的一个环节。软件进行集成测试时，有很多种集成策略，如一次性集成方式、渐增式集成方式、基于进度的集成方式、基于功能的集成方式、分层集成方式等。

下面介绍几种主要的集成策略。

1. 一次性集成方式

把所有已完成单元测试的单元组装在一起进行测试，最终得到要求的软件。由于程序中不可避免地存在涉及模块间接口、全局数据结构等方面的问题，所以一次试运行成功的可能性不大。

2. 渐增式集成方式

首先对一个个模块进行单元测试，然后将这些模块逐步组装成较大的系统，在组装的过程中边连接边测试，以发现连接过程中产生的问题。最后通过渐增式逐步组装成为要求的软件系统。渐增方式具体分为自顶向下的渐增、自底向上的渐增和混合渐增。

选择适当的集成测试策略之后，就可以真正地实施测试了。集成测试与单元测试的实施过程基本相似，由于是白盒测试，因此很多都是在开发环境下用单步跟踪等方式进行测试的。但是集成测试有一点特别需要注意，就是一般集成测试都是由多个人联合进行的，所以要求各个测试人员要及时交流，密切配合。对于发现的问题点，不能有思想上的依赖，认为其他人也会发现，自己不记录也没有关系。

8.5.3 面向对象的集成测试

面向对象的集成测试主要是指类之间的集成测试以及类的对象的创建、释放等操作对类中其他方法的影响等测试。

面向对象程序相互调用的功能是散布在程序不同的类中，类的行为与它的状态密切相关，由此可见，类之间相互依赖极其紧密，根本无法在编译不完全的程序上进行集成测试。此外，面向对象程序具有动态特性，程序的控制流往往无法确定，因此面向对象的集成测试通常需要在整个程序编译完成后进行。下面重点介绍两种测试方法。

1. 基于方法序列的集成测试

找出响应系统的一个输入或一个事件所需要的一组类的方法序列，集成起来测试。例如，有个对话框类(CtestDialog)的界面如图8-6所示，单击“OK”按钮时，文本编辑框要做错误检查，错误检查时调用了另外一个类CErrorCheck的一个公有方法IsValidPort，那么可以设计一个测试用例，通过单击“OK”按钮的事件，将所需要用到的一组CtestDialog的OnOK方法与CErrorCheck的IsValidPort方法集成起来测试。在用UML设计的软件中，该方法实际上就是按照顺序图进行测试。因为顺序图描述了对象之间动态的交互关系，对于任何一个响应都定义了明确的顺序，因此是集成测试一个非常有效的依据。依据顺序图的同时可以参考类图，检查各个类之间的各种关系是否都充分进行了测试。

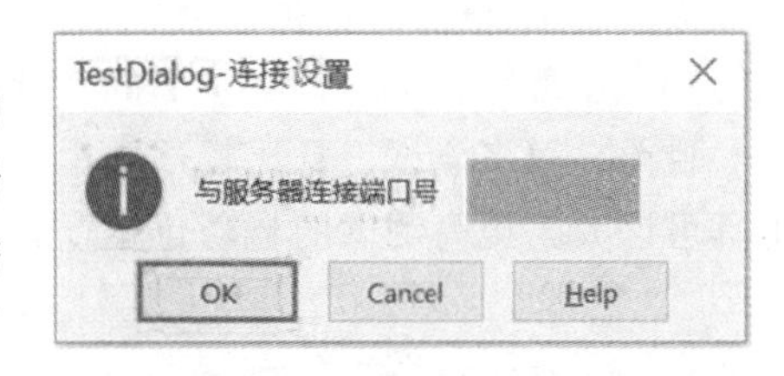

图8-6　基于方法序列的集成测试示例程序

2. 基于状态的集成测试

基于状态的集成测试是以状态机模型或者状态说明规范为依据的测试。测试时按照一定的遍历规则对状态转换图进行遍历，以产生消息序列，并依据状态图检查每一个消息序列执行之后是否达到了预期的状态。在用 UML 设计的软件中，该方法实际上就是按照状态图进行测试的，各个状态的变化都可能涉及多个类的多个方法的交互，这样测试也会更加充分。

除了上面介绍的动态测试之外，面向对象的集成测试还有一种比较好的静态测试方法。现在流行的一些测试软件都能提供一种称为“可逆性工程”的功能，即通过源代码得到类关系图和类方法功能调用关系图，如 Rational Rose 软件中的 c+ Analyzer 工具等，将“可逆性工程”得到的结果与设计时的结果相比较，就可以检测程序结构和实现上是否有缺陷。

8.6 系统测试

系统测试是将已经集成好的各个模块作为一个整体，与操作系统、计算机硬件、外设、数据和人员等其他元素结合在一起对软件进行一系列的测试。系统测试一般是采用黑盒法进行测试的，其具体步骤与单元测试的基本相同。

系统测试包括很多种测试，如功能测试、性能测试、兼容性测试、压力测试、文档测试、可用性测试等。下面主要介绍几种相对比较重要的测试。

(1) 功能测试：功能测试是最基本的一项测试。依据需求说明和概要设计文档采用黑盒法的等价划分、边界值、错误推测等方法设计各种测试用例，然后根据测试用例进行测试。

(2) 性能测试：性能测试的目标是度量系统相对于预定义目标的差距。性能测试关注的主要参数包括处理的响应时间、系统资源(CPU、内存等)使用情况等。

(3) 兼容性测试：兼容性测试是指将软件与操作系统之间、软件自身的各个版本之间、第三方软件等的兼容性的测试。

(4) 压力测试：压力测试是指软件在高负荷的条件下运行测试。它的目的是测试系统在比较极端情况下的反应，是否会导致系统崩溃等异常出现。压力测试与性能测试的区别在于，性能测试注重于正常运行状态下的各种参数，而压力测试注重于极端状态下的各种状况。

目前有很多测试工具比较适合用来做系统测试，如 Winrunner、Loadrunner 等，利用这些工具可以大大提高测试的自动化程度和测试的质量。

8.7 验收测试

验收测试一般由用户、特定的第三方测试机构或者软件公司的 QA 部门进行的测试，一般采用黑盒法。主要测试内容包括功能、安全可靠性、易用性、可扩充性、兼容性、性能、资源占用率、用户文档等方面。

此外，在软件交付使用之后，用户将如何实际使用程序，对于开发者来说是无法预测的。为了进行模拟用户的测试，很多软件公司还采用 α 测试和 β 测试以发现更多错误。α 测试是由一个用户在开发环境下进行的测试，也可以是公司内部的用户在模拟实际操作环境下进行的测试。这是在受控制的环境下进行的测试。β 测试是由软件的多个用户在一个或多个实际使用环境下进行的测试。与 α 测试不同的是，开发者通常不在测试现场，β 测试是在开发者无法控制的环境下进行的软件现场应用。

习 题 8

一、填空题

1. 软件测试是______的过程，其目的是______的差别。

2. 静态测试的方法主要有______和______两种。

3. 动态测试的方法可以归结为两大类：______和______。

4. 一个完整的软件测试一般包括______测试、______测试、______测试、______测试和______测试等。

二、问答题

1. 软件测试的唯一目的就是发现错误，该说法正确吗？为什么？

2. 从软件开发的整体过程来看，一个软件的测试包括哪些过程？

3. 什么是白盒法？什么是黑盒法？它们之间的区别与联系是什么？

4. 面向对象的软件进行单元测试的主要方法是什么？

5. 集成测试与单元测试有什么异同点？

6. 假设有一个文本框要求输入6个字符的邮政编码，试用等价分类法和边界值分析法相结合设计测试用例。

第9章 软件维护

软件交付用户之后就进入了软件的维护阶段，在这个阶段对产品所作的修改称为维护，其目的是保证软件在交付用户之后的正确性和适应性。大型软件的维护成本可达开发成本的4倍左右。因此，在软件的开发阶段就应该考虑软件的可维护性，以减少将来软件维护所需要的工作量。

9.1 概　述

9.1.1 维护的定义

软件维护是指软件交付使用之后，因软件中存在的缺陷，以及因需求和环境的变化，对软件进行修正的过程。

软件维护占到一个开发组织所花费的全部工作量的60%～80%。除去修正软件中潜藏的错误之外，更多的工作是根据需求和技术的变化，对软件进行调整以满足用户的新需求。影响软件维护工作量的因素主要有以下几点。

(1) 系统大小：系统越大，功能越复杂，理解起来越困难，因而需要更多的维护工作量。

(2) 程序设计语言：程序语言的功能越强，生成程序所需的语句就越少；语言的功能越弱，实现同样功能所需语句就越多，程序就越大。用较老的程序设计语言书写的程序，代码行多且逻辑复杂，也没有做到模块化和结构化，直接影响到程序的可读性。

(3) 系统年限：一方面，老的系统随着不断修改，结构越来越乱；另一方面，由于维护人员的更换，修改后的程序会变得风格多样而越来越难以理解。而且许多老系统在开发时并未按照软件工程的要求进行开发，因而没有文档，或文档太少，或在长期的维护过程中文档在许多地方与程序实现变得不一致，这样在维护时就会遇到很大困难。

(4) 软件开发技术：在软件开发时，若使用能使软件结构比较稳定的分析与设计技术以及程序设计技术，如面向对象技术、复用技术等，可减少大量的维护工作量。

(5) 其他：软件所对应的应用类型、任务的难度、开发人员的编程风格等，对维护工作量都有影响。

9.1.2 维护的目的

软件维护的目的主要包含以下三个方面：

(1) 确保软件交付后的品质。改正在特定的使用条件下暴露出来的潜在程序错误或设计缺陷。

(2) 提高下一期软件开发的品质。维护阶段的结果可以回馈到下一期的软件开发过程，提高下一期软件开发的品质。

(3) 提高客户满意度。迅速正确地解决软件交付后暴露的问题，高效的故障排查能力是提高顾客满意度的有力保障。

9.1.3　维护的种类

根据软件交付后用户的不同需求，软件维护一般分为以下 4 类：

(1) 纠错性维护。由于前期的测试不可能揭露软件系统中所有潜在的错误，用户在使用软件时仍将会遇到错误，诊断和改正这些错误的过程称为纠错性维护。

(2) 适应性维护。由于新的硬件设备不断推出，操作系统和编译系统也不断地升级，为了使软件能适应新的环境而引起的程序修改和扩充活动称为适应性维护。

(3) 完善性维护。在软件的正常使用过程中，用户还会不断提出新的需求。为了满足用户新的需求而增加软件功能的活动称为完善性维护。

(4) 预防性维护。为了改进未来的可维护性或可靠性，对软件重新设计、重新编程和测试的工作称为预防性维护。预防性维护在全部维护活动范围内所占比例较小，但在条件具备时应该主动进行预防性维护工作。

在维护阶段的初期，纠错性维护的工作量较大。随着错误的修正，软件趋于稳定，进入正常的使用期。然而，由于使用环境的变化和用户需求的变化，适应性维护和完善性维护的工作量逐步增加。实践表明，在这几种维护活动中，完善性维护所占的比重最大，一般占全部维护工作量的 55%左右。

9.2　软件维护的难点和软件的可维护性

9.2.1　软件维护的难点

软件维护是一项艰巨的工作，其难点主要表现在以下几个方面。

(1) 技术资料不足。软件开发人员经常流动，当需要对某些程序进行维护时，可能已找不到原来的开发人员。如果仅有程序代码而没有说明文档或者文档质量很差时，维护人员简直不知道如何下手。

(2) 很多程序在设计时没有注意程序的可修改性，程序之间相互交织，触一而牵百。即使有很好的文档，也不敢轻举妄动，否则很有可能陷进错误堆里不能自拔。

(3) 如果软件发行了多个版本，则要追踪软件的演化过程是非常困难的。维护将会产生不良的副作用，不论是修改代码、数据或文档，都有可能产生新的错误。

(4) 不能充分获得分析故障原因的信息，问题影响范围难以把握。

(5) 维护工作不是一项很有吸引力的工作。维护工作困难而烦琐，而且经常遭受挫折，高水平的程序员不愿主动去做，带着低沉情绪的低水平的程序员只会把维护工作搞得一塌糊涂。

软件的错误推移到维护阶段才被修正，需要付出高昂的代价。因此，在开发的早期发现和解决软件问题是十分重要的。同时软件在开发阶段就应该注意提高软件的可维护性。

9.2.2 软件的可维护性

软件的可维护性是指维护人员理解软件、改正软件系统出现的错误，以及为满足新的需求进行改动的难易程度。决定软件的可维护性的因素主要有以下几个方面。

1. 可理解性

可理解性是指通过阅读源代码和相关文档，了解程序功能及其如何运行的容易程度。

以下特性可以提高程序的可理解性：模块化(模块结构良好、高内聚、低耦合)，风格一致的代码风格，清晰完整的程序内部文档(注释)，详细的设计文档，简单易于理解的结构设计，不使用难以看懂的代码，使用有意义的数据名和过程名等。

2. 可测试性

可测试性是指论证程序正确性的容易程度。程序越简单，证明其正确性就越容易。一个可测试的程序应当简单且可理解，并便于设计相关的测试用例。

程序模块化、结构良好，并能以清楚的方式描述它的输出以及用于跟踪和显示逻辑控制流程的完备日志文件等，这些都有助于提高程序的可测试性。

对于程序模块来说，可以使用程序复杂性来度量可测试性。程序的环路复杂性越大，程序的可执行路径就越多，全面测试程序的难度就越大。

3. 可修改性

可修改性是指程序容易修改的程度。程序模块化(高内聚、低耦合)信息隐藏，在表达式、数组/表的上下界、输入/输出设备命名中使用预定义的文字常量，程序提供不受内部实现变化影响的模块接口等，都有助于提高程序的可修改性。

4. 可移植性

可移植性是指把一个原先在某种软硬件环境下正常运行的软件移植到另一个软硬件环境下，使该软件也能正常运行的难易程度。提高软件可移植性的关键在于提高软件的设备无关性和系统无关性。使用高级的独立于机器的、广泛使用的标准化的程序设计语言来编写程序，不使用操作系统的功能，程序中数值计算的精度与机器的字长或存储器大小的限制无关等手段都有助于提高可移植性。

5. 可重用性

可重用性是指软件模块或构件不做修改或者稍作修改就可以在不同的系统、环境中重复使用。由于重用模块已经经过严格测试，因此重用模块的可靠性比较高。软件中使用的可重用构件越多，软件的可靠性越高，维护的需求就越少。

9.3 软件维护的工作

无论维护的类型如何，维护工作一般都应该包括确认维护要求、修改软件需求说明、修改软件设计、设计评审、对源程序做必要的修改、单元测试、集成测试（回归测试）、确认测试、软件配置评审等。以下主要说明纠错性维护的工作内容。

9.3.1 收集故障信息

收到故障报告后应该收集获得以下信息，以确认故障的问题点：

(1) 发生时间；

(2) 制品名、版本；

(3) 操作系统版本；

(4) 故障现象的内容：发生故障时的现象、事前的操作内容、发生后的操作等；

(5) 确认故障发生时其他软件的运行情况；

(6) 硬件、网络的状况；

(7) 软件的日志文件。

9.3.2 排查方法

排查故障的工作内容一般包含以下几个方面：

(1) 过去履历的确认，检索同样的现象，确认是否已经回答过了；

(2) 再现测试，是否发生同样现象；

(3) 从用户处采集到的数据以及软件日志文件的解析；

(4) 用户的失误、其他程序的问题的排除；

(5) 代码解析（找不到原因、无法再现时的手段）；

(6) 回避措施的研究。

9.3.3 修改程序

在分析理解原有程序并确认程序的错误点之后，就可以对程序进行修改了。修改时应注意以下几点：

(1) 设计思想、编程风格尽量与原系统的保持一致；

(2) 尽量不使用共享系统中的已有变量，而使用局部变量；

(3) 不要建立公用子程序，而建立各自独立的子程序；

(4) 坚持修改后的复审；

(5) 建立修改文档；

(6) 注意修改相应的文档。

9.3.4 维护管理

如同软件开发阶段的文档一样，维护工作也应该加以记录，这些记录同时可以用于对维护工作的定量度量。这些记录包括由用户或维护接收专门人员提供问题报告和维护人员提供的修改报告。用户或维护接收专门人员提供的问题报告内容一般应包含：① 登记号；② 软件名称；③ 编号；④ 版本号码；⑤ 报告人姓名；⑥ 单位；⑦ 报告时间；⑧ 问题描述等。

维护人员提供的修改后报告内容一般包含：① 登记号；② 修改日期；③ 修改人名；④ 修改内容；⑤ 测试情况；⑥ 修改工数等。

习　题　9

一、填空题

1. 软件维护是软件生命周期的最后一个阶段，软件维护包含______维护、______维护，______维护、______维护等几种类型。

2. 软件的可维护性主要包含______等三个方面。

二、问答题

1. 什么是软件维护？软件维护的难点有哪些？

2. 软件维护阶段修改程序的注意点有哪些？

3. 软件的可维护性主要包含哪三个方面内容？

第 10 章　软件管理

随着日益增长的软件需求和软件系统功能的增强,软件项目的实施往往需要比较复杂的人员分工与协作,计划与管理在软件开发中的作用日趋凸显。大量软件开发的实践表明,导致软件项目失败的原因常常不是技术上的问题,而是管理上的问题。因此,软件管理显得越来越重要。本章着重讨论软件质量管理、软件文档管理、软件项目管理等软件管理问题。

10.1　软件质量管理

10.1.1　软件质量管理概述

1. 软件质量的概念

质量是一组固有特性满足要求的程度,指产品或服务满足规定或潜在需要的特征和特性的总和。它既包括有形产品,也包括无形产品;既包括产品内在的特性,也包括产品外在的特性;包括了产品的适用性和符合性的全部内涵。

软件质量是与软件产品满足明确或隐含需求的能力有关的特征和特性的总和,有以下 4 个含义:

(1) 能满足给定需要的特性的全体;

(2) 具有所希望的各种属性组合的程度;

(3) 顾客认为能满足其综合期望的程度;

(4) 软件的组合特性,它确定软件在使用中将满足顾客预期需求的程度。

2. 软件质量要素

软件质量要素直接影响软件开发过程中各个阶段的产品质量和最终软件产品质量。McCall等人给出的软件质量要素共 11 个,分为三类,如表 10-1 所示。

表 10-1　McCall 等人定义的软件质量要素

分类		含义
可运行性	正确性	程序满足规格说明及完成用户目标的程度
	可靠性	能够防止因概念、设计和结构等方面的不完善造成的软件系统失效,具有挽回因操作不当造成软件系统失效的能力
	有效性	软件系统能最有效地利用计算机的时间资源和空间资源的能力

续表

分类		含义
可运行性	安全性	控制未被授权人员访问程序和数据的程度
	可用性	学习使用软件的难易程度，包括：操作软件，为软件准备输入数据，解释软件输出结果
可修正性	可维护性	软件产品交付用户使用后，能够对它进行修改，以便改正潜藏的错误，改进性能和其他属性，使软件产品适应环境变化的特性
	灵活性	改变一个操作所需的程序工作量
	可测试性	测试程序是否具有预定功能所需的工作量
可转移性	可移植性	软件从一台计算机系统或环境搬到另一台计算机系统或环境的难易程度
	可重用性	概念或功能相对独立的一个或一组相关模块定义为一个软部件，可重用性是指软部件可以在多种场合应用的程度
	可互操作性	两个或多个系统交换信息并相互使用已交换信息的能力

第一类要素表现软件的运行特征，包括正确性、可靠性、有效性、安全性和可用性；第二类要素表现软件承受修改的能力，包括可维护性、灵活性、可测试性；第三类要素表现软件对新环境的适应程度，包括可移植性、可重用性、可互操作性。

表10-1中各种软件质量要素之间既有正相关，也有负相关的关系。因此，在系统设计过程中，应根据具体情况对各种要素的要求进行折中，以便得到在总体上用户和系统开发人员都满意的质量标准。例如，实时控制系统的可靠性、有效性是决定系统成败的关键要素，必须全力保证，而软件的可移植性、可重用性就不是主要的了。又如，设计通用的软件工具对于可维护性、可移植性、可重用性应该给予更多的关注。应该指出，由于对软件质量理解的不断深化，软件质量要素也不是一成不变的。

3. 软件质量控制的措施

可以采取以下步骤实施软件质量的全面控制。

1）实行工程化开发

软件系统是一项系统工程，必须建立严格的工程控制方法，要求开发组的每一名成员都要遵守工程规范。

2）实行阶段性冻结与改动控制

软件系统具有生命周期，这就为我们划分项目阶段提供了参考。一个大项目可分成若干阶段，每个阶段有其任务和成果。这样一方面便于管理和控制工程进度，另一方面可以增强开发人员和用户的信心。在每个阶段结束要“冻结”部分成果，作为下一阶段开发的基础。冻结之后不是不能修改，而是其修改要经过一定的审批程序，并且涉及项目计划的调整。

3）实行里程碑式审查与版本控制

里程碑式审查就是在软件系统生命周期每个阶段结束之前，都正式使用结束标准对该阶段的冻结成果进行严格的技术审查，如果发现问题，就可以及时在相应的阶段内解决。版本控制是保证项目小组顺利工作的重要技术。版本控制的含义是通过给文档和程序文件编上版本号，记录每次修改的信息，使项目组的所有成员都了解文档和程序的修改过程。广义的版本控制技术称为软件配置管理。

4）实行面向用户参与的原型演化

在每个阶段的后期，快速建立反映该阶段成果的原型系统，通过原型系统与用户交互及时得到反馈信息，验证该阶段的成果并及时纠正错误，这一技术称为"原型演化"。原型演化技术需要先进的CAE工具的支持。

5）尽量采用面向对象和基于构件的方法

面向对象的方法强调类、封装和继承，能提高软件的可重用性，将错误和缺憾局部化，同时还有利于用户的参与，这些对提高软件系统的质量都大有好处。

基于构件的开发方法又称为"即插即用编程"方法，是从计算机硬件设计中吸收过来的优秀方法。这种编程方法是将编制好的"构件"插入已做好的框架中，从而形成一个大型软件。构件是可重用的软件部分，构件既可以自己开发，也可以使用其他项目的开发成果，或者直接向软件供应商购买。当我们发现某个构件不符合要求时，可对其进行修改而不会影响其他构件，也不会影响系统功能的实现和测试，就好像修整一座大楼中的某个房间，不会影响其他房间的使用一样。

6）全面测试

要采用适当的手段，对系统需求、系统分析、系统设计、实现和文档进行全面测试。

7）引入外部监理与审计

要重视软件系统的项目管理，特别是项目人力资源的管理，因为项目成员的素质和能力以及积极性是项目成败的关键。同时还要重视第三方的监理和审计的引入，通过第三方的审查和监督来确保项目质量。

10.1.2　软件质量评价

软件的最终质量是由生产组织的质量体系所决定的一系列质量活动推动形成的。随着软件工业的发展，一些成熟的过程控制和质量管理技术已经形成，ISO9000、CMM（capability maturity model）/CMMI（CCM integration）就是其中最具代表性的成果。

1. ISO9000

ISO9000系列国际标准为企业建立质量体系，并提供质量保证的模式，其目标是：被业界普遍接受、与当前技术协调、与未来发展协调、适应未来技术的发展。在ISO9000系列中，ISO9001是一个可以适用于所有行业的质量管理标准。尤其是2000版的ISO9001，将产品的实现过程流程化，并以板块化的形式对生产组织的管理体系、管理职责、资源、产品实现、测量与改进等提出质量管理的要求，更加适合软件开发、生产和维护的需要。我国以等同采用ISO9000系列标准的方式建立了我国的质量保证标准族GB/T 19000—2016，中国作为ISO9000认证的国际互认发起国之一，成功地通过了首批国际同行评审，成为具有国际认证资格的国家之一。同时，在国家和政府的大力推动下，已建立了规范化的认证机构和审核员管理制度，确保了我国认证行业的国际地位。这些都为建立基于ISO9000的软件质量保证平台奠定了坚实的社会基础。随着软件质量管理和认证工作在中国IT行业的开展，其支撑技术的研究、支撑工具的开发也日益引起人们的重视。

2. 软件能力成熟度模型系列——CMM/CMMI

软件能力成熟度模型(CMM)是美国卡内基梅隆大学软件工程研究所(CMC-SED)开发的用于描述有效软件过程中关键成分的框架,是国际标准 ISO/IEC TR 15504-2—1998《信息技术软件过程评估》的基础。

该模型的战略目标是:

(1) 通过提高劳动力的能力来提高软件组织的能力;

(2) 确保软件开发能力属于组织而非个别人;

(3) 使员工个人与组织保持一致;

(4) 使组织能留住关键人才。

CMM 的 5 个等级如图 10-1 所示,分别是:初始级、可重复级、已定义级、已管理级、优化级。

(1) 初始级:其特点是软件过程无序的,项目的执行是随意甚至是混乱的,其成功取决于软件人员的个人素质。

(2) 可重复级:其特点是已建立基本的项目功能过程,已进行成本、进度和功能跟踪,并能使具有类似应用的项目能重复以前的功能。

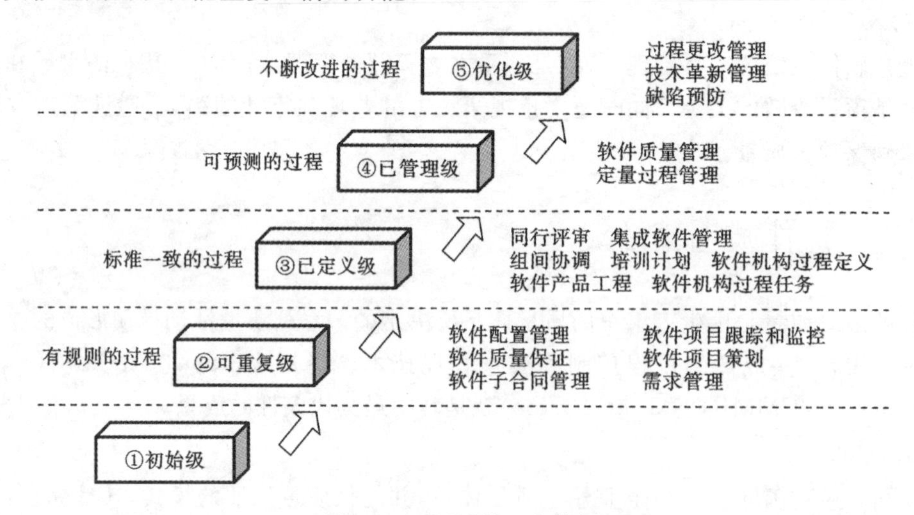

图 10-1　CMM 的 5 个等级

(3) 已定义级:其特点是管理活动和工程活动两方面的软件工程均已文档化、标准化,并已集成到软件机构的标准化过程中。

(4) 已管理级:其特点是已采用详细的有关软件过程和产品质量的度量,并使软件过程和产品质量得到定量控制。

(5) 优化级:其特点是能及时采用新思想、新方法和新技术以不断改进软件过程。

从初始级上升到可重复级称为“有规则的过程”;从可重复级上升到已定义级称为“标准一致的过程”;从已定义级上升到已管理级称为“可预测的过程”;从已管理级上升到优化级称为“不断改进的过程”。

1986年，为了进一步改善模型，CMMI模型被提出。CMMI提供了CMMI分级模型和CMMI连续模型两种模式。CMMI分级模型主要对应于已有的CMM，该模型依然分为5个成熟度级别，但提出了一个更加通用的框架。它将原来的公共特征分为通用和特殊两种，分别针对过程的公共和特殊目标，以更好地帮助组织。目前业界广泛使用的CMM进行了过程改进。CMMI连续模型摒弃了传统的台阶式上升的模型，它认为，软件组织的改进是持续的，并从其自身最希望的、可以给组织带来效益的地方来进行。因此，组织完全有理由把某些过程域的成熟度能力提高到很高级别，而把其他某些过程域继续留在较低级别。CMMI连续模型把软件过程划分为过程管理、项目管理、工程、支持等四类，软件组织可以根据需要来选择改进的过程域，使之具备所期望的能力级别。连续模型为组织的过程改进，提供了更加方便的途径。

单纯依靠CMM/CMMI，还不能真正做到过程管理的改善，只有与团队软件过程（team software process，TSP）和个体软件过程（personal software process，PSP）有机地结合起来，才能达到软件过程改善的效果。PSP是一种用于控制、管理和改进个体软件工作方式的自我改善过程，是一个包括软件开发表格、指南和过程的结构化框架。CMM/CMMI主要将注意力集中在软件组织的软件过程的改进，致力于软件开发组织能力或软件开发项目的软件过程能力和软件成熟度的提高。PSP对群组软件过程的定义、度量和改革提出了一整套原则、策略和方法，把CMM/CMMI要求实施的管理与PSP要求开发人员具备的技巧结合起来，以达到按时交付高质量软件的目的。这三种技术的有效结合将指导软件组织提高自身的能力、开发质量和效率。

10.2　软件文档管理

软件文档也称为文件，文档在软件开发人员、软件管理人员、维护人员、用户以及计算机之间起到多种沟通桥梁的作用。没有文档的软件，不能称其为软件，更谈不到软件产品。软件文档的编制在软件开发工作中占有突出的地位和相当的工作量。高效率、高质量地开发、分发、管理和维护文档对于转让、变更、修正、扩充和使用文档，对于充分发挥软件产品的效益有着重要意义。

然而，在实际工作中，文档在编制和使用中存在着许多问题，有待于解决。软件开发人员中较普遍地存在着对编制文档不感兴趣的现象。从用户方面看，他们又常常抱怨文档不够完整、文档编写得不好、文档已经陈旧、难以使用等。究竟文档应该写哪些，说明什么问题，起什么作用？本节将给出简要的解答。

10.2.1　软件文档的分类

软件开发过程中产生的文档如图10-2所示，主要分为开发文档、管理文档和用户文档三类。其中某些文档在分类时有重叠，如软件需求（规格）说明书既属于开发文档又属于用户文档，项目开发计划既属于开发文档又属于管理文档。

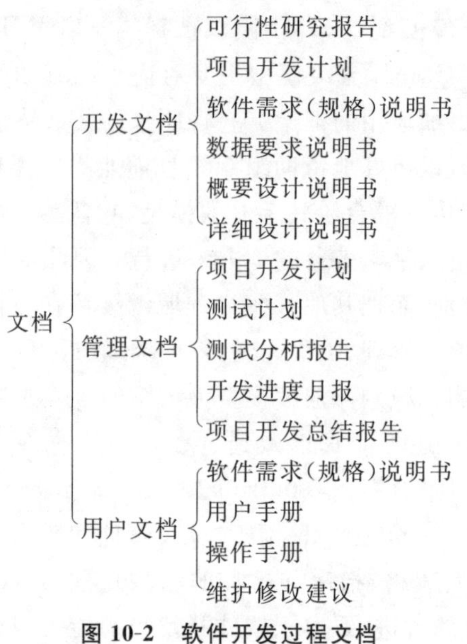

图 10-2　软件开发过程文档

图 10-2 所示的各软件文档作用如下。

(1) 可行性研究报告:说明该软件开发项目的实现在技术上、经济上和社会因素上的可行性,评述为了合理地达到开发目标可供选择的各种可能实施的方案,说明并论证所选定实施方案的理由。

(2) 项目开发计划:为软件项目实施方案制订具体计划,包括各部分工作的负责人员、开发的进度、开发经费的预算、所需的硬件及软件资源等。项目开发计划应提供给管理部门,并作为开发阶段评审的参考。

(3) 软件需求(规格)说明书:也称为软件规格说明书,其中对所开发软件的功能、性能、用户界面及运行环境等做出详细的说明。它是用户与开发人员双方对软件需求取得共同理解的基础上达成的协议,也是实施开发工作的基础。

(4) 数据要求说明书:该说明书给出了数据逻辑描述和数据采集的各项要求,为生成和维护系统数据文卷做好准备。

(5) 概要设计说明书:该说明书是概要设计阶段的工作成果,它应说明功能分配、模块划分、程序的总体结构、输入/输出以及接口设计、运行设计、数据结构设计和出错处理设计等,为详细设计奠定基础。

(6) 详细设计说明书:着重描述每一模块是怎样实现的,包括实现算法、逻辑流程等。

(7) 测试计划:为做好组装测试和确认测试,需要为如何组织测试制订实施计划。计划应包括测试的内容、进度、条件、人员、测试用例的选取原则、测试结果允许的偏差范围等。

(8) 测试分析报告:测试工作完成以后,应提交测试计划执行情况的说明。对测试结果加以分析,并提出测试的结论意见。

(9) 开发进度月报:该月报系软件人员按月向管理部门提交的项目进展情况报告。报告应包括进度计划与实际执行情况的比较、阶段成果、遇到的问题和解决的办法以及下个月的工作计划等。

(10) 项目开发总结报告:软件项目开发完成以后,应与项目实施计划对照,总结实际执行的情况,如进度、成果、资源利用、成本和投入的人力。此外还需对开发工作做出评价,总结经验和教训。

(11) 用户手册:详细描述软件的功能、性能和用户界面,使用户了解如何使用该软件。

(12) 操作手册:为操作人员提供该软件各种运行情况的有关知识,特别是操作方法的具体细节。

(13) 维护修改建议:软件产品投入运行以后,发现了需对其进行修改的问题,应将存在的问题、修改的考虑以及修改的影响估计作详细的描述,写成维护修改建议,提交审批。

10.2.2 软件文档的编写

软件文档是在软件生存周期中,随着各阶段工作的开展适时编制。其中有的仅反映一个阶段的工作,有的则需跨越多个阶段。表 10-2 给出了各个文档应在软件生存周期中哪个阶段进行编写,表 10-3 给出了各文档所需回答的问题。

表 11-2 软件生存周期各阶段编制的文档

文档	阶段					
	可行性研究与计划	需求分析	设计	代码编写	测试	运行与维护
可行性研究报告	——					
项目开发计划	——	——				
软件需求(规格)说明书		——				
数据要求说明书		——				
概要设计说明书			——			
详细设计说明书			——			
测试计划		——	——			
用户手册		——	——	——		
操作手册			——	——		
测试分析报告					——	
开发进度月报	——	——	——	——	——	
项目开发总结报告					——	
维护修改建议						——

这些文档最终要向软件管理部门,或是向用户回答以下的问题:

(1) 哪些需求要被满足,即回答"做什么"。

(2) 所开发的软件在什么环境中实现以及所需信息从哪里来,即回答"来自何处"。

(3) 某些开发工作的时间如何安排,即回答"何时干"。

(4) 某些开发(或维护)工作打算由“谁来干”。

(5) 某些需求是怎么实现的?

(6) 为什么要进行软件开发或维护修改工作。

表 10-3 软件各文档所回答的问题

所提问题 / 文档	什么(what)	何处(where)	何时(when)	谁(who)	如何(how)	为何(why)
可行性研究报告	√					√
项目开发计划	√		√	√		
软件需求(规格)说明书	√	√				
数据要求说明书	√	√				
概要设计说明书					√	
详细设计说明书					√	
测试计划			√	√	√	
用户手册					√	
操作手册					√	
测试分析报告	√					
开发进度月报	√		√			
项目开发总结报告	√					
维护修改建议	√			√		√

10.3 软件项目管理

10.3.1 软件项目管理概述

1. 项目管理的定义

英国皇家特许建造学会的《项目管理实施规则》将项目管理定义为“为一个建设项目进行从概念到完成的全方位的计划、控制与协调,以满足委托人的要求,使项目得以在所要求的质量标准的基础上,在规定的时间内,在批准的费用预算内完成。”简言之,项目管理的目标就是追求投入产出比的最大化。

2. 项目管理的过程目标

项目管理将抽象的需求规格进行归纳、裁减以及整理成一个可实施的、可验证的、可度量的过程,并通过一系列的活动实现预定的结果。基本目标有三个主要的方面:专业目标(功能、质量、生产能力等)、工期(时间)目标和费用(成本、投资)目标，它们共同构成项目管理的目标体系。一般来说，目标、成本、进度三者是互相制约的。当进度要求不变时，质量要求越高或任务要求越多，则成本越高；当不考虑成本时，质量要求越高或任务要求越多，一般进度越慢；当质量和任务的要求都不变时，进度过快或过慢都会导致成本的增加。项目管理的目的是谋求(任务)多、(进度)快、(质量)好、(成本)省的有机统一。

3. 软件项目管理的特点

软件项目管理具有以下特点：

(1) 软件项目的目标是不精确的，任务的边界是模糊的，质量要求更多是由项目团队来定义的。

(2) 软件项目进行过程中，用户的需求会不断被激发，被不断地进一步明确，导致项目的进度、费用等计划不断地被更改。

(3) 软件项目是智力密集、劳动密集型的项目，受人力资源影响最大，项目成员的结构、责任心、能力和稳定性对软件项目的质量以及是否成功起决定性作用。

鉴于软件项目的上述3个特点，以下重点从软件的进度和成本的角度来讨论软件的项目管理。

10.3.2 软件开发成本估计

软件项目的成本随着系统的类型、范围及功能要求的不同而不同，可以从软件生命周期的各阶段划分为开发成本和运行维护成本两大类，在各类中又可根据项目的目的进行逐级细分，如图10-3所示。

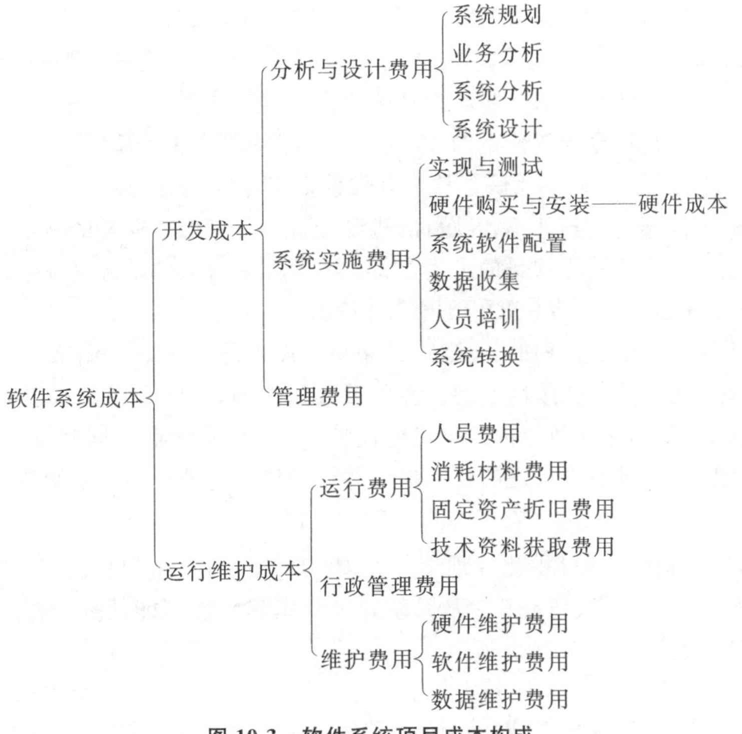

图10-3　软件系统项目成本构成

软件项目的成本测算，就是根据待开发的软件的成本特征以及当前能够获得的有关数据和情况，运用定量和定性分析方法对软件生命周期各阶段的成本水平和变动趋势做出尽可能科学的估计。图 10-3 中，最难确定的是开发成本中的软件开发成本，而硬件成本和其他成本相对容易估算出来。至于运行维护成本，则可根据开发成本与运行维护成本比值的经验数据和测算出来的开发成本一起计算。所以软件系统项目成本测算的重点是软件开发成本。然而，由于软件是逻辑产品，成本估算涉及人、技术、环境、政策等多种因素。因此在项目完成前，很难精确地估算出待开发项目的开销。常用的估算方法有以下 4 种：

(1) 参照已经完成的类似项目，估算待开发项目的软件开发成本和工作量；

(2) 将大的项目分解成若干小的子系统，在估算出每个子系统软件开发成本和工作量之后，再估算整个项目的软件开发成本；

(3) 将软件按软件系统的生命周期分解，分别估算出软件开发在各个阶段的工作量和成本，然后汇总，估算出整个软件开发的工作量和成本。

(4) 根据实验或历史数据给出软件开发工作量或成本的经验估算公式。

10.3.3 软件开发进度安排

在小型软件开发项目中，一个程序员能够完成从需求分析、设计、编程，到测试的全部工作。随着软件项目规模的扩大，人们无法容忍一个人花十年时间去完成一个需要十几个人年才能完成的软件项目，大型软件的开发方式必然是程序员们的集体劳动。为了缩短工程进度，充分发挥软件开发人员的潜力，软件项目的任务分解应尽力挖掘并行成分，以便软件施工时采用并发处理方式。同时，软件项目的任务分配、人力资源分配、时间分配应与工程进度相协调。

软件开发所需要的工作量通常用人月或人年表示，其各阶段的工作量分布服从所谓的 4—2—4分布原则，即软件在需求分析和设计阶段占用的工作量达到总工作量 40%～50%，大家熟悉的编程工作量只占全部工作量的 15%～20%，而软件测试和调试工作量占到总工作量的 30%～40%，这也从一个侧面反映了软件开发前期工作的重要性。

软件项目的工作安排与其他工程项目的进度安排十分相似。通常的项目进度安排方法和工具稍加改造就可以用于软件项目的进度安排。本节介绍对软件系统进度进行控制的两个普遍使用的工具，即计划评审技术(PERT)网和甘特图。

PERT 网将任务以精心计划的、关键路径网络的图形化形式表示出来。甘特图以条形图的方式来表示项目任务及其持续的时间。在项目开始之初，这两个图都可以对项目进行规划和估计。一旦项目开始，实际执行的结果可能代替估计(PERT 网)或同时与估计结合起来(甘特图)，以便能反映项目进展中出现的实际情况并对项目计划进行必要的调整。

1. PERT 网

PERT 网是项目任务的可视化计划图。在 PERT 网中，每个项目决定自己的任务、相关的事件以及依赖关系。通常，任务总是从系统开发组织建立的可能任务的标准列表中选择出来。PERT 网使用的符号如图 10-4 所示。

在图 10-4 中，圆圈代表一个任务的起始节点或终止节点。对于一个 PERT 网来说，只能有一个起始节点和一个终止节点，网络中的其他节点将最少有一个任务起始于该节点，并且最

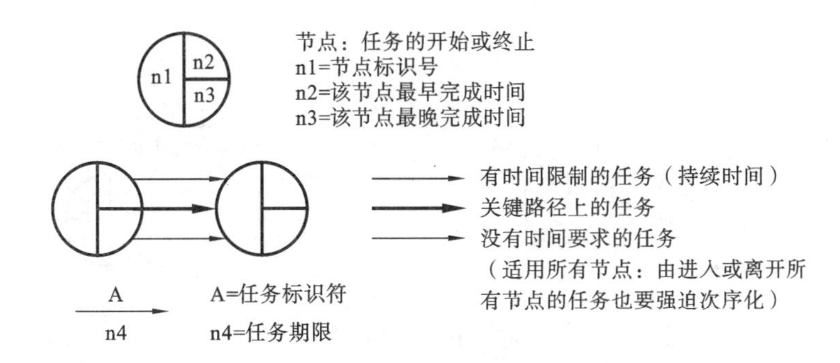

图 10-4 PERT 图符号标记法

少有一个任务终止于该节点。每个节点包含 3 个数。左边的数字(即图 10-4 中的 n1)是节点的标识号,右上方数字(图 10-4 中的 n2)是节点的最早完成时间,右下方的数字(即图 10-4 中的 n3)是节点的最晚完成时间。关键路径指从项目的开始节点到项目的结束节点的最长时间路径,也即项目的开发周期。细线箭头代表不在网络关键路径上的一个任务,粗线箭头代表所有处于网络关键路径上的任务。每个任务箭头左边或上边的字母(即图 10-4 中的字母 A)是任务标识符。每个任务有一个唯一的任务标识符,可以使用任务标识符在任务列表报告中查找实际的任务名。使用任务标识符的目的是为了避免将图与实际的任务名混在一起。每个任务箭头的下方或右边的数(即图 10-4 中的 n4)是完成这个任务的期望时间段,所有的时间段必须使用相同的单位来表示。建立 PERT 网的步骤如下:

(1) 建立项目任务的列表;

(2) 对每个任务分配一个项目标识符;

(3) 决定每个任务的大致时间段;

(4) 决定任务之间的相互依赖性,如 B 和 C 必须在 A 完成后才能开始进行;

(5) 画出 PERT 网,将每个任务用它的任务标识字母标记,每个任务从头至尾连接每个节点,并将每个任务的时间段放在网络上;

(6) 确定每个任务节点的最早完成时间;

(7) 确定每个任务节点的最晚完成时间;

(8) 验证 PERT 网的正确性。

图 10-5 所示的为某项目 PERT 网的一个实例,由图 10-5 可以看出,该项目的总周期为 19 周,项目的关键路径是 A→B→D→G,A、B、D、G 项目的延误和提前将直接影响到整个项目的执行周期,所以对整个项目的周期控制重点在于 A、B、D、G 子项目周期的控制。

利用 PERT 网进行进度管理的缺点是:只有在对子任务的执行周期估计相对准确的情况下才是有意义的,并且基于 PERT 网的进度管理必须清楚地定义项目任务之间的关系,假定前序任务结束后才开始后续任务,则不能很好地处理任务重叠的情况。

2. 甘特图

甘特图是基于二维坐标的项目进度图示表示法。图 10-6 所示的是某项目计划的简略甘特图,纵坐标表示组成项目的具体任务,如任务 A、B、C 等;横坐标表示完成整个项目估计的时间,时间单位可以是天、周或月。图中用长方形的进度条来表示某一个具体任务。

从图 10-6 可以清晰地看出每个任务的开始和结束时间、项目任务之间开始或结束的时间

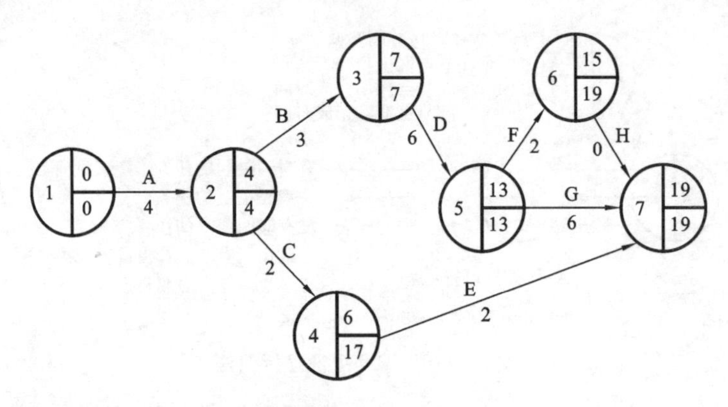

图 10-5 某项目 PERT 网实例

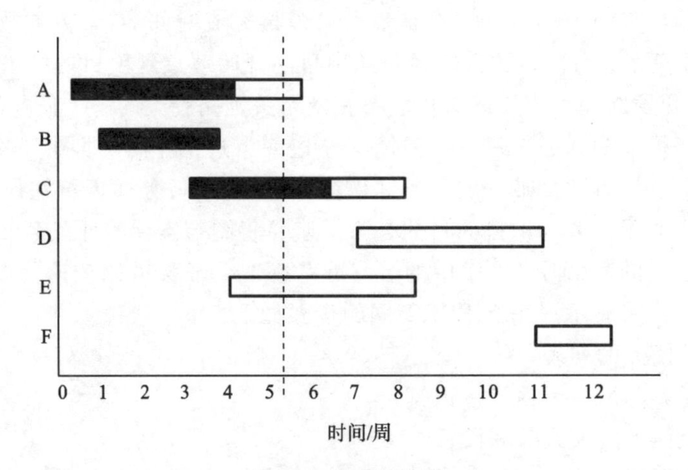

图 10-6 简略甘特图

顺序关系。每个进度条的阴影表示目前某任务项的进展状况。在重要的时间上，简单地在甘特图上自顶至底画竖条，即可观察该时间项目的进展情况，并且可以看到重复或并行的任务。如图 10-6 所示的虚线时间，正在进行的任务项有 A、C、E；已经结束的任务项有 B；待执行的任务项有 D 和 F。

利用甘特图进行进度管理的缺点是：不能确定地看出整个项目是否按时、延迟或提前完成，无法表达子任务之间的依赖关系。

习　题　10

一、填空题

1. 软件质量第一类要素表现软件的运行特征，包括______；第二类要素表现软件承受修改的能力，包括______；第三类要素表现软件对新环境的适应程度，包括______。

2. 软件开发过程中产生的文档主要有______等。

3. 随着软件工业的发展，一些成熟的过程控制和质量管理技术已经形成，______和______就是其中最具代表性的成果。

4. 软件开发所需要的工作量通常用______表示，其各阶段的工作量分布服从______的分布原则。

二、问答题

1. 什么是软件质量,如何控制软件质量?

2. 软件能力成熟度模型系列——CMM/CMMI的核心内容是什么?

3. 软件开发过程中产生的文档有哪些?各自的作用是什么?

4. 如何估计软件项目的成本?

5. 利用PERT网和甘特图进行软件项目进度管理各有何优缺点?

第 11 章　软件工程新技术

本章论述几种软件工程新技术，其中包括形式化方法、净室软件工程、基于构件的软件工程、软件复用与再工程、敏捷软件工程等。有些技术的提出已有几十年的历史，但其发展成熟并获得应用还是近几年的事情。需要说明的是，尽管软件工程技术的发展日新月异，但万变不离其宗。我们在前面所讲内容是软件工程的核心所在，试图跳过软件工程的传统内容而去专注于某种新技术是行不通的；而忽略新技术，坚持传统思维的做法会导致我们在软件工程的大军中落伍。

11.1　形式化方法

本书前几章所讨论的软件工程方法可认为是一些非形式化的方法，它们主要是运用图表、文本和符号的组合来创建分析与设计模型。我们现在要介绍的是基于数学描述的形式化软件工程方法，它以刻画系统功能和行为的形式化语法和语义来描述软件系统的规格说明和设计模型。

11.1.1　形式化方法的引入

1. 背景

用于开发软件系统的形式化方法是用基于数学的法则来描述系统的性质，这种形式化方法为我们提供了一个框架，借此框架可对软件系统进行描述、开发和验证。按百科全书中对软件的定义，如果一个方法具有良好的数学基础，特别是以形式化说明语言描述的，那么就可称之为形式化的。这种数学基础提供了一致性和完整性等概念的表示方法，更进一步的是用其来定义规格说明、实现过程及其正确性。

形式化规格说明所希望的性质包括无二义性、一致性和完整性，这也是所有规格说明方法的目标所在。在规格说明语言中采用形式化语法，使得软件的需求或设计只能以唯一的方式被解释，从而排除了在传统的软件工程方法中采用自然语言或图形符号时经常产生的二义性问题。例如，形式化方法中采用了集合论和逻辑符号的描述机制使得我们可以清晰地描述事实。为了保持前后一致，在规格说明中某处所描述的事实不能与其他地方产生矛盾，其一致性是通过使用推理规则将初始事实以形式化方式映射到其后的规格说明中来加以保证的。

2. 非形式化方法的不足

在前几章的讨论中，我们采用自然语言和图形符号进行系统的描述、分析和设计。当然，只要我们认真、细致地采用这些方法并结合严格的复审，也可以进行高质量软件的开发，但是，这些方法在应用上的失误或偏差可能导致各种各样的问题。例如，对系统规格说明中可能包含的矛盾性、二义性、含糊性、不完整性以及抽象层次的混杂性等问题难以对付。以上这些问题又极为常见，每个问题都展示了传统的和面向对象的规格说明方法的潜在不足。

3. 形式化方法的优点

如前所述，形式化方法是以严格的数学方式对软件的规格说明进行描述。数学模型对于大型的复杂系统的开发来说有许多有用性质，其中最有用的性质之一是它能够以简洁而准确的方式描述物理现象、动作对象及其结果。另一个优点是它提供了诸多软件工程活动之间的平滑过渡。不仅功能规格说明，而且系统设计也可以用数学方式加以表达。当然，程序代码本身就是数学符号的有序组合。数学的主要性质是它支持抽象，而且是非常优秀的建模手段。因为数学模型的准确性和无二义性，软件的规格说明可以被形式化地加以验证，以揭示其内隐含的矛盾性和不完整性，含糊性问题也完全得以解决。此外，采用数学模型可以严格、有组织地表示系统规格说明中的抽象层次。数学作为软件开发工具的最后一个优点是，它提供了高层验证的手段，即可以使用数学证明的方式来验证系统设计是否符合规格说明的需求以及验证程序代码是否符合系统设计的要求。

11.1.2 形式化规格说明语言

支配形式化方法的基本概念是数据不变式（一个条件表达式，它在包含一组数据的系统的执行过程中总保持为真）、状态（是从系统的外部能够观察到的行为模式的一种表示，或者是系统访问和修改的存储数据）和操作（系统中发生的动作，以及对状态数据的读/写操作，每一个操作与两个条件相关联，即前置条件和后置条件）。离散数学中的集合论和构造性规格说明、集合运算符、逻辑运算符以及与序列相关的表示法构成了形式化方法的理论基础。为了有效地应用形式化方法，软件工程师必须具有集合论以及有关谓词逻辑演算的基本知识。形式化规格说明语言就是应用数学法则来对软件的规格说明进行形式化描述的语言。它通常由以下三部分构成。

（1）语法域：定义用于表示规格说明的特定表示方法；

（2）语义域：定义用于描述系统的对象及其动作序列的集会；

（3）关系域：用于确定哪个对象真正满足规格说明的准则。

形式化规格说明语言的语法域通常基于从标准集合论符号和谓词逻辑演算导出的语法。例如，可用变量 x、y、z 来描述一组与问题的论域相关的对象，并与相关的运算符一起使用。虽然语法通常是符号化的，但诸如方框、箭头和圆圈等图形符号如果没有二义性也可加以使用。规格说明语言的语义域指明采用语言如何表示系统的需求。例如，程序设计语言采用一组形式化语义使得软件开发者可以刻画输入到输出的转换算法。形式化文法（如BNF 范式）可以用于描述程序设计语言的语法。然而，程序设计语言只能表示计算功能，所以它并不是好的规格说明语言。规格说明语言必须要有更广的语义域。也就是说，规格说明语言的语义域必须能够表达这样的概念：“对在无限集 A 中的所有 x，在无限集 B 中有某

y,使得性质 P 对 x 和 y 成立”。规格说明语言的应用范围还包括描述系统行为的语义。例如,可以设计一种语法和语义来描述状态和状态转换、事件以及它们对状态转换的影响、同步及定时等要求。在形式化方法中,用不同的语义抽象及不同的方式来描述同一个系统是可能的,即采用不同的建模表示符号可以用来表示相同的系统,每种表示方法的语义提供了对系统视图的互补展现。

当前已开发了多种形式规格说明语言。较为流行的有对象约束语言(object constraint language,OCL)及 Z 语言。OCL 可使 UML 的拥戴者在他们的规格说明中加入更精确的内容。OCL 具有逻辑代数及离散数学的所有优势。在 OCL 中只能使用 ASCII 字符,而不能使用传统的数学表示法,这使得 OCL 更适合于那些不太喜欢数学的软件开发者。对喜欢数学及严谨作风的开发者建议学习使用 Z 语言。Z 语言是在过去 20 年里发展起来的规格说明语言,它已在形式化方法领域中广泛使用。Z 语言在一阶谓词逻辑中采用类型集合、关系及函数来构造其“合子” Schema(一种构造形式化规格说明的工具)。OCL 及 Z 语言这两种语言都具有前述形式化规格描述语言的基本特征,并具有代表性,在此不再赘述。

11.1.3 形式化方法的十条戒律

在现实世界中,如何正确使用形式化方法的决策,软件工程专家 Bowen 和 Hinchley 总结出“形式化方法的十条戒律”作为对那些希望应用这个重要的软件工程方法的人们的行动指南:

(1) 应该选择适当的表示方法;

(2) 应该形式化,但不要过分形式化;

(3) 应该估计成本;

(4) 应该有随时可以请教的形式化方法顾问;

(5) 不应该放弃传统的开发方法;

(6) 应该建立详尽的文档;

(7) 不应该对质量标准打任何折扣;

(8) 不应该教条化;

(9) 应该测试、测试、再测试;

(10) 应该采用软件复用技术。

11.2 净室软件工程

净室软件工程(clean room software engineering,CRSE)是一种在软件开发过程中强调建立正确性需求以代替传统的分析、设计、编程、测试和调试周期的软件工程方法。CRSE 实质上是这样一个过程模型,在代码增量积聚到系统的同时进行代码增量的统计质量验证。采用 CRSE 方法使我们在软件开发过程中,在产生严重的错误之前将其消除在萌芽状态。

11.2.1 CRSE 方法的引入

净室基础理论建立于 20 世纪 70 年代末 80 年代初。资深数学家和 IBM 客座科学家 Harlan Mils 阐述了将数学、统计学及工程学上的基本概念应用到软件工程领域的设想，从而为 CRSE 方法学奠定了科学基础。CRSE 综合了 Dijkstra 的结构化编程、With 的逐步求精法以及 Parmas 模块化程序设计的某些思想。净室软件工程遵循的基本原则是：在第一次正确地书写代码增量并在测试以前验证它们的正确性，借此来避免对高成本的软件维护及纠错过程的依赖。其过程模型是在代码增量聚集到系统过程的同时进行代码增量的统计质量检验。

11.2.2 CRSE 过程模型

CRSE 方法实质上是增量式软件过程模型的一个变种。一个“软件增量的流水线”由若干小的、独立的软件团队开发。每当一个软件增量通过认证，它就被集成到整体系统中。因此，系统的功能随时间而增加。净室过程模型如图 11-1 所示，其中每个增量的任务序列包括以下九项任务。

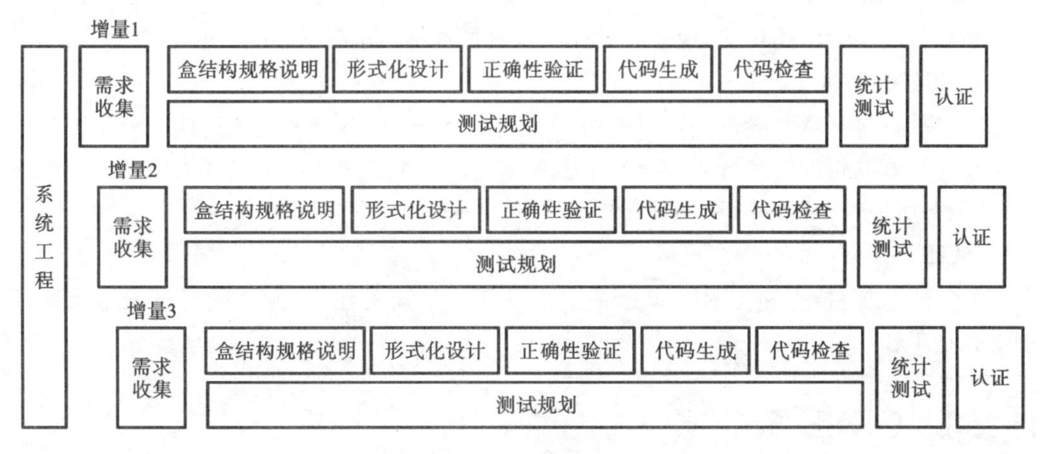

图 11-1　CRSE 过程模型

1. 增量策划

制订一个采用增量策略的项目计划，确定每个增量的功能、预计规模以及 CRSE 开发进度表。

2. 需求收集

为每个增量编制一个更为详细的客户级需求描述。

3. 盒结构规格说明

使用盒结构规格说明进行分析和设计建模。一个“盒结构”(或为“盒子”)在某个细节层次上封装系统。通过逐步求精的过程，盒子被细化为层次，其中每个盒子具有引用的透明性。这使得分析员能够分层次地划分一个系统，从顶层的本质表示开始转向底层的特定实现细节中，从而进行形式化设计。

4. 形式化设计

通过使用盒结构方法，净室设计就成为规格说明的自然、无缝的扩展。虽然可以清楚地区分这两个活动，但是对规格说明（称为“黑盒”）在一个增量内进行迭代求精仍然类似于体系结构设计和构件级设计（分别称为“状态盒”和“清晰盒”）。黑盒刻画系统行为或系统部件的行为，状态盒以类似于对象的方式封装状态数据和操作，清晰盒包含了对状态盒的过程设计。

5. 正确性验证

通过使用盒结构的规格说明进行分析和设计建模，CRSE 强调将正确性验证（而不是测试）作为发现和消除错误的主要机制。净室团队对设计及代码进行一系列严格的正确性验证活动。验证从最高层次的盒结构（即规格说明）开始，然后移向设计细节和代码。正确性验证的第一层次通过应用一组“基准问题”来进行，如果这些不能证明规格说明的正确性，则使用更形式化的数学验证手段。

6. 代码生成、检查和验证

首先，将某种专门语言表示的盒结构规格说明翻译为适当的程序设计语言。其次，使用标准的查找技术来保证代码和盒结构语义的相符性以及代码语法的正确性。最后，对源代码进行正确性验证。CRSE 的真正特性是对软件工程模型运用了形式化的验证手段。

7. 统计测试的规划

分析软件的预计使用情况，规划并设计一组测试用例，以测试使用情况的“概率分布”。

8. 使用统计测试

由于对软件进行穷举测试是不可能的，因此，要设计有限数量的测试用例。使用统计技术执行由统计样本获得的概率分布而导出一系列测试。这里的统计样本是从来自目标人群的所有用户对程序的所有可能执行中抽取的。

9. 认证

一旦完成验证、检查和使用统计测试，并且纠正了所有的错误，则开始对过程增量进行集成前的认证工作。

11.2.3 CRSE 的特点

结合具有良好定义的持续过程改进策略，CRSE 将统计质量检验用于软件开发过程。为了达到这个目标，定义了一个独特的净室生命周期，利用统计理论对软件进行测试。CRSE 与常规软件工程的差别在于：它不再强调单元测试和调试的作用，从而大量地减少了由软件开发者所承担的测试工作量。CRSE 与本书前几章讨论的传统的和面向对象的软件工程相比，具有三个明显的特点：

(1) CRSE 明确地使用了统计质量控制；

(2) CRSE 使用了基于数学的正确性证明来验证设计规格说明；

(3) CRSE 实现了一些最有可能揭示出具有严重错误的测试技术。

11.3　基于构件的软件工程

软件工程领域的学者和开发者早就设想软件系统的开发可否像机器的建造那样实现零配件的组装化工艺，使软件类似于硬件一样，可用不同的标准构件拼装而成。也就是说，可否提供一种手段，使应用软件可用预先编好的、功能明确的产品部件定制而成，并可用不同版本的部件实现应用的扩展和更新。另一方面，对老的遗留系统，可否利用模块化方法，将复杂的难以维护的系统分解为互相独立、协同工作的部件，并使这些部件可反复重用。为应对这样的挑战与要求，软件构件技术应运而生。使用构件的主要目标是达到需求、分析、设计、编程、测试的复用。基于构件的软件开发(component-based software development，CBSD)方法的诞生标志着一个工程过程新时代的来临。至今，构件技术已形成三个主要流派：Sum 公司的 BJB 平台、Microsoft 的 COM+技术、BM 的 CORBA 架构。

11.3.1　基本概念

软件构件(software component)是软件系统内可标识的、符合某种标准要求的构成成分，类似于传统工业中的零部件。广义上来说，构件可以是需求分析、设计、代码、测试用例、文档或软件开发过程中的其他产品。狭义上来说，构件是指能对外提供一组规范化接口的、符合一定标准的、可替换的软件系统的程序模块。构件亦可简单地表述为：构件是可复用的软件组成成分，它可被用来构造其他软件。构件可分为构件类和构件实例，通过给出构件类的参数而生成实例，再通过实例的组装和控制来构造相应的应用软件。

构件技术与传统的面向对象技术紧密相关。构件和对象都是对现实世界的抽象描述，通过接口封装了可复用的代码实现。两者的不同之处在于：首先在概念层面上，对象描述客观世界实体，而构件则提供客观世界服务；其次在复用策略上，对象是通过继承实现复用，而构件通过合成实现复用；最后在技术手段上，构件通过对象技术而实现，对象按规定经过适当的接口包装之后成为构件，而一个构件通常是多个对象的集合体。构件技术是对象技术的发展，构件具有更强独立性、封闭性和可复用性。软件构件技术目前主要的研究内容包括构件获取、构件模型、构件描述语言、构件分类与检索、构件组装以及构件标准化等问题。

11.3.2　基于构件的软件工程

基于构件的软件工程(component-based software engineering，CBSE)和基于构件的开发(component-based development，CBD)是一种软件开发的新范型。它是在一定构件模型的支持下，复用构件库中的一个或多个软件构件，通过组合手段高效率、高质量地构造应用软件系统的过程。

CBSE/CBD 的工程学目标包括降低费用、方便装配、提高复用性、提高可定制性和适应性、提高可维护性。CBSE/CBD 的技术目标是：降低构件之间的耦合度、提高构件内诸元素之间内聚、控制构件的规模。

CBSE 强调使用可复用的软件构件来设计和改造基于计算机的系统。构件复用是指充分利用过去软件开发过程中积累的成果、知识和经验，去开发新的软件系统，使人们在新系统的开发中着重于解决出现的新问题、满足新需求，从而避免或减少软件开发中的重复劳动。由此产生的问题是：能否通过组装一组可复用的构件来构造复杂的系统？能否以需用者易于访问的方式建造复用所必需的构件库？构件库中存在的构件能否被需用者容易找到？这些都是 CBSE/CBD 所要解决的问题。

图 11-2 所示的是一个典型的 CBSE 过程模型。其中，领域工程的目的是标识、构造、分类和传播一些软件构件，这些构件将适用于某特定应用领域中的软件系统。领域工程的总体目标是建立相应的机制，使得软件工程师在开发新系统或改造老系统时可以共享这些构件，即复用它们。领域工程包括三个主要的活动：分析、构造和传播。CBD 是一个与领域活动并行的 CBSE 活动。一旦建立了体系结构，就必须向其中增加构件，这些构件可从复用库中获得，或者根据特定需要而开发。因此，CBD 的任务流有两条路径，当可复用构件有可能被集成到体系结构中时，必须对它们进行合格性检验和适应性修改。当需要新的构件时，则必须重新开发。构件组装的任务是将经过合格性检验的、适应性修改的以及新开发的构件组装到为应用建立的体系结构中，最后再进行全面的测试。

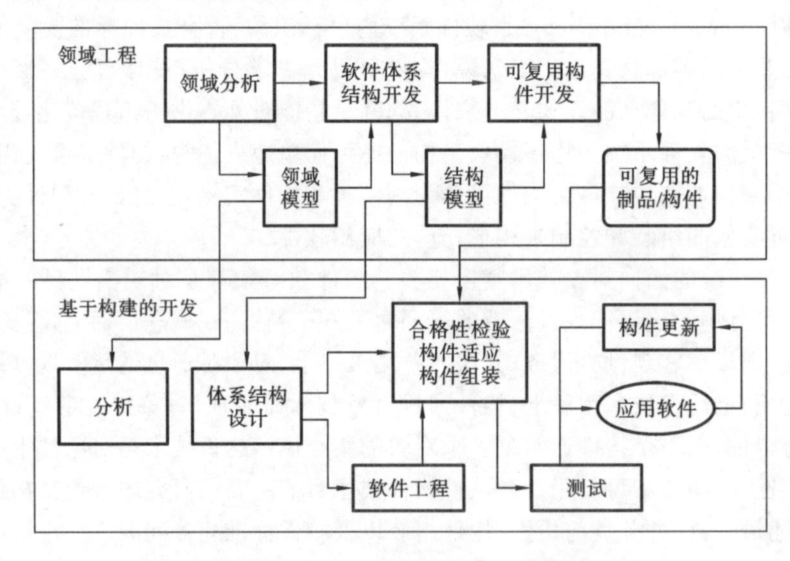

图 11-2 一个典型的 CBSE 过程模型

11.3.3 构件库的建立与使用

CBSE/CBD 是以构件库为中心的开发模型，构件库是领域工程和应用工程两个开发过程的桥梁和纽带。构件库系统当然也是一类数据库管理系统，它具备数据库的基本特征和功能。为了向基于构件的应用系统开发者提供所必需的构件，构件库管理系统必须能够存储构件以及相关的信息，如构件的语义描述、构件的分类、构件的形态、构件的状态。为了能够有效地实施管理和维护，构件库管理系统还必须能够提供如下的操作：构件的添加、构件的检索以及其他管理手段，如构件的删除、备份、用户登记和存取控制等。对构件分类和检索机制的研究一直是构件库研究的热点，目前已有很多方法。构建库研究根据构件表示，可以分为人工智能方法、超文本方法和信息科学方法三类；而根据复杂度和检索效果的不同，则可以分为基于文本的、基于词法描述的和基于规格说明的编程和检索。

构件化的软件生产亦可在所谓的“软件工厂”内实现，其核心是在一个开发平台上通过预制和定制多个软件构件，依托构件库及相关工具平台，像工业生产零配件一样根据开发目的的要求来组织构件的开发与生产，并进行工业式的组装与协作，以规模化的方式批量生产软件构件。或者说，软件工厂是按照流水线的工作方式，遵循一定的生产质量规范，批量、高效地生产标准化的“软件零部件”（即软件构件），并对其进行组装，从而批量完成软件产品或应用的机构。软件工厂的出现使得软件开发商通过可重复的开发过程快速、高效地生产出成本低、质量好的企业级软件，使得软件生产更加条理化和系统化。项目实施人员可以对零配件、中间件或模块进行自由组合，从而解决了用户需求不确定性问题。软件工厂能够最大限度地利用已有资源，是系统化实现软件复用的有效方式。

11.4　软件复用与再工程

软件复用的出发点是应用系统的开发不再采用一切“从零开始”的模式，而是以已有的工作或遗留资产软件作为基础，充分利用过去应用系统开发中积累的知识和经验，将开发的重点集中于特定的软件构件。实现软件复用的关键因素主要包括：软件构件技术（software component technology）、领域工程（domain engineering）、软件构架（software architecture）、软件再工程（software reengineering）。软件再工程是指对既有的软件系统进行调查，并二次开发的过程，其目的是重新审视现有的系统，以便进一步利用新技术来改善系统或促进现存系统的再利用。

11.4.1　基本概念

软件复用是在软件开发中避免重复劳动的解决方案。通过软件复用，在应用系统开发中可以充分利用已有的开发成果，消除重复劳动，避免重新开发可能引入的错误，从而提高软件开发的效率和质量。软件复用包括两个相关的过程：可复用软件构件的开发（development for reuse）和基于可复用软件构件的应用系统构造（development with reuse），也就是应用系统的集成和组装。软件复用可以从多个角度进行考察。依据复用的对象，软件复用可以分为产品复用和过程复用。产品复用是指复用已有的软件构件，通过构件的集成或组装得到新的系统。过程复用是指复用已有的软件开发过程，借助应用生成器来自动或半自动地生成所需系统。产品复用在目前较为流行。过程复用依赖于软件自动化技术的发展，目前只适用于一些特殊的应用领域。依据对可复用信息进行复用的方式，软件复用可以分为黑盒（black box）复用和白盒（white box）复用。黑盒复用是指对已有构件不需做任何修改，直接进行复用，这是理想的复用方式。白盒复用是指已有构件并不能完全符合用户需求,需要根据用户需求进行适应性修改后才可使用。在大多数应用系统的组装过程中,构件的适应性修改是必需的。

软件再工程是解决软件复用问题的主要技术手段。软件再工程是一个工程过程,它将逆向工程、代码重构与正向工程组合起来,将现存系统重新构造为新的应用形式。软件再工程的基础是系统理解,包括对运行系统、源代码、设计、分析、文档等的全面理解。但在很多情况下,由于各类文档的丢失,只能对源代码进行理解,即程序进行理解。软件再工程发生在两个不同的抽象层次:在业务层次,再工程着重于业务过程,企图改变业务过程以改善在某个业务领域的竞争力;在软件层次,再工程检查信息系统和应用,企图重构它们以使其展示更高的质量。

11.4.2 业务过程再工程

业务过程再工程(business process reengineering,BPR)其实已超出了信息技术和软件工程的范畴。BPR 的一个抽象定义是"搜寻并实现业务过程中的根本性改变以达到突破性成果"。但是,如何执行搜寻?如何完成实现?更重要的是,如何能够保证所提出的"根本性改变"将导致事实上的"突破性成果"而不会造成组织上的混乱?这些问题远未得到解决。

我们首先从业务过程谈起。一个业务过程是指通过执行一组逻辑上相关联的任务以达到预定的业务结果。在业务过程中,将人、设备、材料资源以及业务规程组合在一起,以期产生特定的结果。每种业务过程都包含一组任务及一个特定的客户,即接收过程结果的人或小组。此外,业务过程跨越组织边界,需要来自不同开发团体的小组共同参与定义一个过程的"逻辑相关的任务"。

业务过程再工程是迭代式的工程过程,没有开始和结束,因为它是一个演化循环的过程。图 11-3 描述了一个业务过程再工程模型,该模型定义了 6 项关键活动。

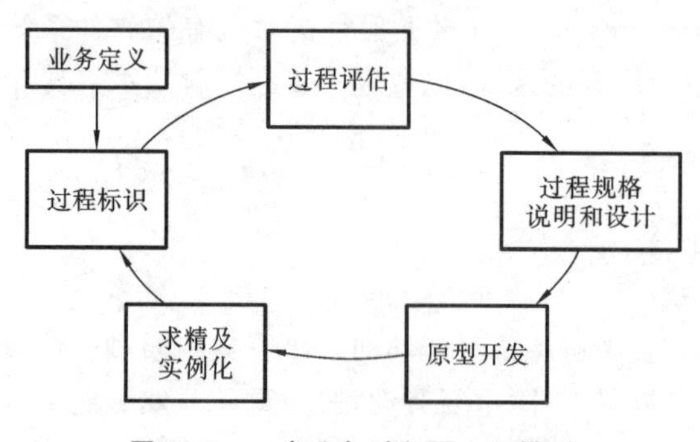

图 11-3 一个业务过程再工程模型

(1) 业务定义:在 4 个关键驱动因素(减少成本、减少时间、改善质量、人力开发及授权)的范围内定义业务目标。

(2) 过程标识:对那些能够达到业务目标的关键过程进行识别,然后可以根据其重要性等指标对这些关键过程进行优先级排序。

(3) 过程评估:彻底分析和测量现有的过程。确定过程任务、说明过程任务花费的成本和时间,并且明确质量与性能要求。

(4) 过程规格说明和设计:基于上述三个 BPR 活动中所获得的信息,为每个将被重新设计的过程准备用例。在 BPR 的范畴内，用例标识了将某些结果传递给客户的一种场景。将用例作为过程的规格说明，为该过程设计一组新任务。

(5) 原型开发：在一个重新设计的业务过程被完全地集成到整体业务之前，必须将其原型化。该活动对重新设计的业务过程进行测试，通过测试后再进行下一步的求精。

(6) 求精及实例化：基于来自原型的反馈信息，精化业务过程，然后在业务系统中加以具体实现。

11.4.3 软件再工程

不可维护的软件是一个老生常谈的问题。对软件再工程的重视源于 30 多年不断形成的软件维护"冰山"。之所以软件维护被刻画为"冰山"，是因为以传统模式开发的软件系统随着业务变化及硬件档次的提高不可避免地存在软件维护与更新问题。在正常运行的系统表面之下存在大量潜在的问题和维护成本。据估计，对现存软件的维护可能占据软件开发机构所有花费的 60%以上，而且随着更多的软件被生产出来，这个百分比还在继续攀升。软件维护并不仅仅是"修正错误"，它通常包括这样四类活动：纠错性维护、适应性维护、完善性维护和预防性维护或再工程。所有维护工作中仅仅大约 20%的工作量花费在"修正错误"，其余的 80%的工作量主要花费于修正现有系统以适应外部环境的改变、根据用户要求进行功能的增强以及为了未来的使用所进行的软件再工程。

图 11-4 所示的是软件再工程过程模型，它是一个循环模型，定义了六类活动。

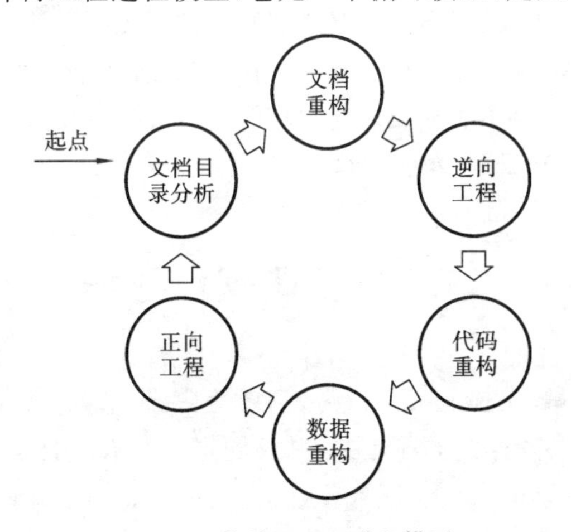

图 11-4　软件再工程过程模型

1. 文档目录分析(inventory analysis)

文档目录为每个现行应用系统的基本信息提供了详细的描述。应该仔细分析该目录，按照业务重要程度、寿命、当前可维护性、预期的修改次数等标准，把库中的应用系统排序，从中选出再工程的候选者并分配所需要的资源。

2. 文档重构(document restructuring)

文档重构有下列三种选择。

选项(1)：如果系统正常运作，我们将保持现状，因为建立文档非常耗时。

选项(2)：若文档必须更新，但我们的资源很有限，此时将采用“使用时建档”的方法。

选项(3)：若系统是业务关键的，则必须完全地重构文档。

3. 逆向工程(reverse engineering)

软件的逆向工程是通过分析源程序、在高于源代码的抽象层次上再次表示程序的过程。实质上，它是一种设计恢复过程，借助于逆向工程工具从现有的程序中抽取数据、体系结构和过程的设计信息。

4. 代码重构(code restructuring)

最常见的再工程类型是代码重构。某些老系统具有相对可靠的程序体系结构，但是个别模块的编程方式使得程序难以理解、测试和维护。在这样的情形下，可以对可疑模块内的代码进行重构。为了完成该项活动，用重构工具去分析源代码，将与结构化程序设计概念相违背的部分标注出来，然后对代码进行重构。对生成的程序代码再进行评审和测试，以确保没有引入不规则的代码，并更新内部的代码文档。

5. 数据重构(data restructuring)

数据体系结构差的程序将难以进行适应性修改和增强。在大多数情况下，数据重构开始于逆向工程活动，它包括对当前的数据体系结构进行分解，并定义必要的数据模型、标识数据的对象和属性，并对现有的数据结构进行质量评审。

6. 正向工程(forward engineering)

正向工程也称为革新或改造，不仅能够从现有软件恢复出设计信息，而且还能够使用这些信息去改变或重构现有系统，以改善整体质量。在大多数情况下，实施了再工程的软件可以重新实现现有系统的功能，并且还能够加入新的功能或改善整体性能。在理想的情况下，可以使用自动化的“再工程引擎”来重建应用系统。

11.5　敏捷软件过程

敏捷一词有轻巧、机敏、迅捷、灵活、活力、高效等含义。2001 年，17 位软件开发方法学家齐聚一堂，将各自的开发方法学进行了汇总，并共同定义了术语敏捷(agile)。会议最终制定了敏捷软件开发宣言(manifesto for agile software development)，并确立了系列敏捷开发方法的价值观念和实用原则。敏捷软件开发涵盖了众多的开发方法，其中包括极限编程(XP)、自适应软件开发(ASD)、水晶方法族(crystal methods，CM)、动态系统开发方法(DSDM)、特征驱动的开发(FDD)以及 SCRUM 方法等。本节对此进行简单介绍。

11.5.1　基本概念

敏捷可以看作是对变化中的和不确定的周边环境所作出的一种适时反应。对于软件业来说，变化和不确定性是最令人烦恼的词汇。软件工程自诞生以来，一直试图通过技术和管理手段来降低软件项目的不确定性。人们先后发明了结构化程序设计方法、面向对象的方法学以及 CMM/CMMI 模型等。这些新的技术和方法确实有助于化解“软件危机”所带来的负面效应，也促进了软件业的发展。然而，软件开发越来越复杂，越来越庞大，这些传统的重量级(heavy weight)方法的副作用，如组织臃肿、办事低效、官僚主义等也越来越明显。

相对于重量级方法，软件业一直存在另一种声音，那就是轻量级(light weight)方法，其目标是以较小的代价获得与重量级相当的效果。最负盛名的轻量级方法是所谓的极限编程 XP。XP 是 extreme programming 的缩写，从字面上可以译为极端编程或极限编程。但 XP 并不仅仅是一种编程方法，也不是照中文字面理解的那种不可理喻的“极端”化做法。实际上，XP 是一种审慎的(deliberate)、有纪律(disciplined)的软件生产方法。XP 植根于 20 世纪 80 年代后期的 Smalltalk 社区；20 世 90 年代，Kent beck 和 Ward Cunningham 把他们使用 Smalltalk 开发软件的项目经验进行了总结和扩展，逐步形成一种强调适应性和以人为导向的软件开发方法。

11.5.2 敏捷软件开发方法的指导原则

敏捷软件开发(agile software development method，ASDM)不是一个具体的过程，而是一个涵盖性术语。ASDM 用于概括具有类似基础的软件开发方式和方法，其中包括极限编程、动态系统开发方法、特征驱动的开发以及 SCRUM 等方法。敏捷开发团队及其成员必须具备下列特点：基本的软件相关技能；精诚合作；对不确定问题的决断能力；相互信任和尊重；自我组织能力。为了支持软件开发团体实施敏捷开发方法，敏捷联盟提出了“四个价值观”和“十二个指导原则”。

1. ASDM 方法的四个价值观

(1) 人及其相互作用要比过程和工具更值得关注。

(2) 可运行的软件要比无所不及的各类文档更值得关注。

(3) 与客户合作要比合同谈判更值得关注。

(4) 响应需求变化要比按计划行事更值得关注。

2. ASDM 方法的指导原则

(1) 在快速不断地交付用户可运行软件的过程中，将用户的满意度放在第一位。

(2) 以积极的态度对待需求的变化，不管该变化出现在开发早期还是后期，敏捷过程紧密围绕变化展开并利用变化来实现客户的竞争优势。

(3) 以几周到几个月为周期，尽快、不断地交付可运行的软件供用户使用。

(4) 在项目开发过程中，业务人员和开发人员最好能在一起工作。

(5) 以积极向上的员工为中心建立项目组，给予他们所需的环境和支持，对他们的工作予以充分的信任。

(6) 在项目组中，最有用、最有效的信息沟通手段是面对面的交谈。

(7) 项目进度度量的首要依据是可运行的软件。

(8) 敏捷过程高度重视可持续开发。项目发起者、开发者和用户应始终保持步调一致。

(9) 应时刻关注技术上的精益求精和设计上的合理，这样才能提高软件的快速应变能力。

(10) 尽可能减少不必要的工作,实现简单化。

(11) 最好的框架结构、需求和设计产生于有自我组织能力的项目组。

(12) 项目组要定期对其运作进行反思,提出改进意见,并进行相应的细调。此外,敏捷方法实施中一般采用面向对象技术或其他接口定义良好的开发技术。另外,它还强调在开发中要有足够的工具,如配置管理工具、建模工具等的支持。

11.5.3 典型的敏捷过程模型

1. 极限编程(XP)

XP 是一组简单、具体的实践,这些实践结合形成一个敏捷开发过程。XP 是一种优良的、通用的软件开发方法,项目团队可以拿来直接使用,也可以增加一些实践,或者对其中的一些实践进行修改后再加以使用。XP 始于五条基本价值观:交流(communication)、反馈(feedback)、简洁(simplicity)、勇气(courage)和尊重(respect)。在此基础上,XP 总结出了软件开发的十余条做法或实践,它们涉及软件的设计、测试、编程、发布等各个环节。XP 过程的关键活动包括过程策划、原型设计、编程及测试。与其他 ASDM 轻量级方法相比,XP 独一无二地突出了测试的重要性,甚至将测试作为整个开发的基础。每个开发人员不仅要编写软件产品的代码,同时也必须编写相应的测试代码。所有这些代码通过持续性的构建和集成可为下一步的开发打下一个稳定的基础平台。XP 的设计理念是在每次迭代周期仅仅设计本次迭代所要求的产品功能,上次迭代周期中的设计通过再造过程形成本次的设计。

2. 自适应软件开发(adaptive software development,ASD)

ASD 由 Jim Highsmith 在 1999 年正式提出。ASD 强调开发方法的自适应(Adaptive),这一思想来源于复杂系统的混沌理论。ASD 不像其他方法那样有很多具体的实践做法,它更侧重为 ASD 的重要性提供最根本的基础,并从更高的组织和管理层次来阐述开发方法为什么要具备适应性。ASD 自适应软件开发过程的生命周期包括三个阶段:思考(自适应循环策划及发布时间计划)、协作(需求获取及规格说明)、学习(构件实现、测试及事后剖析)。

3. 水晶方法族(crystal methods,CM)

CM 由 Alistair Cockburn 和 Jim Highsmith 在 20 世纪 90 年代末提出。之所以是个系列,是因为他们相信不同类型的项目需要不同的方法。它们包含具有共性的核心元素,每一个都含有独特的角色、过程模式、工作产品和实践。虽然水晶系列不如 XP 有那样好的生产效率,但也有很多人接受并遵循它的过程原则。

4. 动态系统开发方法(dynamic system development method,DSDM)

DSDM 倡导以业务为核心,快速而有效地进行系统开发。实践证明,DSDM 是成功的敏捷开发方法之一。在英国,由于 DSDM 在各种规模的软件开发团体中获得成功,它已成为应用最为广泛的快速应用开发方法。DSDM 不但遵循了敏捷方法的原理,而且也适合于那些坚持成熟的传统开发方法又具有坚实基础的软件开发团体。DSDM 的生命周期包括可行性研究、业务研究、功能模型迭代、设计和构建迭代、实现迭代。

5. 特征驱动的开发(feature driven development,FDD)

FDD 由 Peter Coad、Jeff de Luca、Eric Lefebvre 共同提出,是一套针对中小型软件开发

项目的开发模式。此外，FDD是一个模型驱动的快速迭代开发过程，它强调的是简化、实用。FDD易于被开发团队接受，适用于需求经常变动的项目。FDD定义了五个过程活动：开发全局模型、改造特征列表、特征计划编制、特征设计与特征构建。

6. SCRUM 方法

SCRUM方法是一种迭代的增量化过程，用于产品开发或工作管理。它是一种可以集合各种开发实践的经验化过程框架。在SCRUM方法中，把发布产品的重要性看作高于一切。该方法由Ken Schwaber和Jeff Sutherland提出，旨在寻求充分发挥面向对象和构件技术的开发方法，是对迭代式面向对象方法的改进。SCRUM方法过程流包括产品待定项、冲刺待定项、待定项的展开与执行、每日15分钟例会、冲刺结束时对新功能的演示。

习　题　11

1. 为何引入形式化方法，其优点何在？
2. 简述净室过程模型的任务序列。
3. 什么是基于构件的软件开发？简述其研究目标、工程学目标及技术目标。
4. 什么是软件复用？什么是产品复用和过程复用？简述业务过程再工程和软件再工程模型及其活动。
5. 敏捷软件开发基于哪几个价值观？有哪些典型的敏捷过程模型？

参 考 文 献

[1] 张海藩. 软件工程导论[M]. 5 版. 北京:清华大学出版社,2008.

[2] 殷人昆,郑人杰,马素霞,等. 实用软件工程[M]. 北京:清华大学出版社,2010.

[2] 普雷斯曼. 软件工程——实践者的研究方法[M]. 北京:机械工业出版社,2008.

[3] 弗莱格,阿特利. 软件工程——理论与实践[M]. 北京:人民邮电出版社,2003.

[4] 普雷斯曼. 软件工程实践者的研究方法[M]. 郑人杰,马素霞,白晓颖,译. 6 版. 北京:机械工业出版社,2006.

[5] Jacobson I,Booch G,Rumbangh J,等. 统一软件开发过程[M]. 周伯生,冯学明,樊东平,译. 北京:机械工业出版社,2002.

[6] Patton R. 软件测试[M]. 北京:机械工业出版社,2004.